数学検定

実用数学技能検定
[完全解説 問題集]
【第2版】

1級

発見

まえがき

"発見"に託した想い

公益財団法人 日本数学検定協会
理事長　清水　静海

　中国 4000年の歴史，インド 5000年の歴史などと言われますが，数学の歴史はどこまで遡ることができるのでしょうか。

　エジプトやメソポタミアで生まれた数学に関しては，紀元前 2000年あたりからの記録が見つかっています。数や時間の概念などについての数学的な営みについては，おそらく社会が形成されると同時に少しずつではありますが，できあがってきたのではないかと考えられています。したがって，数学の歴史はまさに，人類の歴史と考えてもいいのではないでしょうか。

　人類が遭遇したさまざまな歴史については，さまざまな国ができては消えていくという興亡の歴史を思い浮かべる人もいるかもしれません。しかし，数学に関わる人類の歴史を紐解くと，歴史を重ねるごとに広がりと深まりを見せており，発展を続けています。

　壮大な歴史が数学にはあります。われわれは数学を学ぶことによって，過去に編み出された計算法やさまざまな定理を理解し活用することができるようになり，過去から伝わる人類の叡智を体感し体現することができます。

　このような数学の探究やその活用はいつの時代でも行われてきました。そして，数学を探究し活用しつつ数学を学び続けていくことによって，新たな数学の扉が開かれてきました。

　ユークリッド幾何学がなければ非ユークリッド幾何学への発展はありえませんでした。数学を探究したり活用したりし続けることによって，新たな知識や技能，さらに見方や考え方までも手にすることができるわけです。そして，自ら知性を磨き，高めることができます。

発　見

　この本を手にされているあなたは，数学に魅力を感じて，学び続け，自らを磨き高めるという姿勢を持った方です。ぜひとも，この本とともに数学の学習経験を積み重ねていただき，数学に対する新たな魅力，自身の新たな一面や可能性などを"発見"してください。

目　次

まえがき ……………………………………………… 3
目次 …………………………………………………… 4

第 1 回
- 1次：計算技能検定《問題》 …………………… 6
- 1次：計算技能検定《解答・解説》 …………… 8
- 2次：数理技能検定《問題》 …………………… 18
- 2次：数理技能検定《解答・解説》 …………… 21

第 2 回
- 1次：計算技能検定《問題》 …………………… 32
- 1次：計算技能検定《解答・解説》 …………… 35
- 2次：数理技能検定《問題》 …………………… 43
- 2次：数理技能検定《解答・解説》 …………… 46

第 3 回
- 1次：計算技能検定《問題》 …………………… 56
- 1次：計算技能検定《解答・解説》 …………… 58
- 2次：数理技能検定《問題》 …………………… 67
- 2次：数理技能検定《解答・解説》 …………… 71

第 4 回
- 1次：計算技能検定《問題》 …………………… 80
- 1次：計算技能検定《解答・解説》 …………… 82
- 2次：数理技能検定《問題》 …………………… 93
- 2次：数理技能検定《解答・解説》 …………… 97

第 5 回
- 1次：計算技能検定《問題》 …………………… 108
- 1次：計算技能検定《解答・解説》 …………… 113
- 2次：数理技能検定《問題》 …………………… 122
- 2次：数理技能検定《解答・解説》 …………… 127

第 6 回
- 1次：計算技能検定《問題》 …………………… 142
- 1次：計算技能検定《解答・解説》 …………… 146
- 2次：数理技能検定《問題》 …………………… 157
- 2次：数理技能検定《解答・解説》 …………… 163

第 7 回
- 1次：計算技能検定《問題》 …………………… 178
- 1次：計算技能検定《解答・解説》 …………… 180
- 2次：数理技能検定《問題》 …………………… 191
- 2次：数理技能検定《解答・解説》 …………… 196

第1回

1次：計算技能検定《問題》　　　…… 6
1次：計算技能検定《解答・解説》　…… 8
2次：数理技能検定《問題》　　　…… 18
2次：数理技能検定《解答・解説》　…… 21

第1回 1次：計算技能検定 《問題》

問題1.

$\left(x - 2 - \dfrac{3}{x}\right)^5$ を展開したときの定数項を求めなさい。

問題2.

積 $\sin 20° \cdot \sin 40° \cdot \sin 60° \cdot \sin 80°$ の値を求めなさい（この値は有理数です）。

問題3.

xyz 空間の1次変換 $f : \begin{pmatrix} x \\ y \\ z \end{pmatrix} \mapsto \begin{pmatrix} 1 & -1 & 2 \\ -2 & 3 & 1 \\ 0 & 1 & 5 \end{pmatrix} \begin{pmatrix} x \\ y \\ z \end{pmatrix}$ によって，直線 $\dfrac{4-x}{3} = y - 2 = \dfrac{z+1}{2}$

はどのような図形に移るでしょうか。その図形の方程式を求めなさい。

問題4.

①, ②, ③ のカードがそれぞれ3枚，2枚，1枚あります。この6枚のカードを袋に入れ，中を見ないで2枚のカードを取り出し，その2枚のカードに書かれている数の積を X とするとき，次の問いに答えなさい。

①　X の平均 $E(X)$ を求めなさい。

②　X の分散 $V(X)$ を求めなさい。

問題5.

次の問いに答えなさい。ただし $\arcsin x$（逆正弦関数）は $-\dfrac{\pi}{2}$ 以上 $\dfrac{\pi}{2}$ 以下の値をとるものとします。

① 次の不定積分を求めなさい。

$$\int \arcsin 2x \, dx$$

② xy 平面上のグラフ $y = \arcsin 2x$ $\left(-\dfrac{1}{2} \leqq x \leqq \dfrac{1}{2}\right)$ と x 軸，および2直線 $x = -\dfrac{1}{2}$，$x = \dfrac{\sqrt{3}}{4}$ で囲まれた部分の面積を求めなさい。

問題6.

次の4次正方行列 A の固有値をすべて求めなさい。

$$A = \begin{pmatrix} 2 & -1 & 0 & 1 \\ -1 & 1 & 1 & 2 \\ 0 & 1 & 0 & -1 \\ -1 & 2 & -1 & -1 \end{pmatrix}$$

問題7.

次の微分方程式を解きなさい。

$$\dfrac{d^2 y}{dx^2} + 4y = \sin 2x$$

第1回 1次：計算技能検定 《解答・解説》

問題1．

$\left(x - 2 - \dfrac{3}{x}\right)^5$ を展開したときの定数項は

$$(-2)^5 + \dfrac{5!}{1!3!1!}x^1(-2)^3\left(-\dfrac{3}{x}\right)^1 + \dfrac{5!}{2!1!2!}x^2(-2)^1\left(-\dfrac{3}{x}\right)^2$$

$$= -32 + 480 - 540 = -92$$

(答) -92

参考 多項定理

$(a+b+c)^n$ の展開式における $a^p b^q c^r$ の項の係数は $\dfrac{n!}{p!q!r!}$ （ただし，$p+q+r=n$）になることを活用する。上記の解答でやや理解しにくいと思われる方には以下の説明を試みる。

$$\dfrac{5!}{p!q!r!}x^p(-2)^q\left(-\dfrac{3}{x}\right)^r = \dfrac{5!}{p!q!r!}(-2)^q(-3)^r x^{p-r} \quad \cdots ①$$

$p,\ q,\ r$ は

$$p+q+r=5 \quad \cdots ②$$

を満たす非負（0または正）の整数で定数項という条件より，$p-r=0$

$p=r$ を②に代入して，$2p+q=5$，$p=\dfrac{5-q}{2} \geqq 0$ から $q=1,\ 3,\ 5$ の3通りが考えられる。

・$q=1$ のとき，$p=r=\dfrac{5-1}{2}=2$

 ①より，$\dfrac{5!}{2!1!2!}(-2)^1(-3)^2 = \dfrac{5\cdot 4\cdot 3\cdot 2\cdot 1}{2\cdot 2}(-2)\cdot 9 = -540$

・$q=3$ のとき，$p=r=\dfrac{5-3}{2}=1$

 ①より，$\dfrac{5!}{1!3!1!}(-2)^3(-3)^1 = \dfrac{5\cdot 4\cdot 3\cdot 2\cdot 1}{3\cdot 2}(-8)\cdot(-3) = 480$

- $q=5$ のとき, $p=r=\dfrac{5-5}{2}=0$

  ①より, $\dfrac{5!}{0!\,5!\,0!}(-2)^5(-3)^0=-32$

よって, $q=1, 3, 5$ の3通りの係数を加えて, $-540+480-32=-92$

問題2.

積和公式より

$$\sin 20° \cdot \sin 40° = \sin 40° \cdot \sin 20° = -\dfrac{1}{2}\{\cos(40°+20°)-\cos(40°-20°)\}$$

$$= -\dfrac{1}{2}(\cos 60°-\cos 20°) = -\dfrac{1}{2}\left(\dfrac{1}{2}-\cos 20°\right)$$

よって

$$\sin 20° \cdot \sin 40° \cdot \sin 60° \cdot \sin 80° = -\dfrac{1}{2}\left(\dfrac{1}{2}-\cos 20°\right)\cdot\dfrac{\sqrt{3}}{2}\cdot\sin 80°$$

$$= -\dfrac{\sqrt{3}}{4}\left(\dfrac{1}{2}\sin 80°-\sin 80°\cos 20°\right) \quad \cdots ①$$

積和公式より

$$\sin 80° \cdot \cos 20° = \dfrac{1}{2}\{\sin(80°+20°)+\sin(80°-20°)\}$$

$$= \dfrac{1}{2}(\sin 100°+\sin 60°) = \dfrac{1}{2}\left(\sin 100°+\dfrac{\sqrt{3}}{2}\right)$$

となるので, ①は

$$-\dfrac{\sqrt{3}}{4}\left\{\dfrac{1}{2}\sin 80°-\dfrac{1}{2}\left(\sin 100°+\dfrac{\sqrt{3}}{2}\right)\right\} = -\dfrac{\sqrt{3}}{4}\left(\dfrac{1}{2}\sin 80°-\dfrac{1}{2}\sin 100°-\dfrac{\sqrt{3}}{4}\right)$$

$$= -\dfrac{\sqrt{3}}{4}\times\left(-\dfrac{\sqrt{3}}{4}\right) = \dfrac{3}{16}$$

なお, $\sin 80° = \sin(180°-100°) = \sin 100°$ を使った。

(答) $\dfrac{3}{16}$

第1回　1次：計算技能検定《解答・解説》

> **参考　三角関数の積和公式**
>
> $$\sin\alpha\cos\beta = \frac{1}{2}\{\sin(\alpha+\beta)+\sin(\alpha-\beta)\}$$
>
> $$\cos\alpha\sin\beta = \frac{1}{2}\{\sin(\alpha+\beta)-\sin(\alpha-\beta)\}$$
>
> $$\cos\alpha\cos\beta = \frac{1}{2}\{\cos(\alpha+\beta)+\cos(\alpha-\beta)\}$$
>
> $$\sin\alpha\sin\beta = -\frac{1}{2}\{\cos(\alpha+\beta)-\cos(\alpha-\beta)\}$$
>
> 和積公式も自在に活用できるようにすること。

問題3．

t を実数とするとき，$\dfrac{4-x}{3} = y-2 = \dfrac{z+1}{2} = t$ とすると

$$\begin{cases} x = -3t+4 \\ y = t+2 \\ z = 2t-1 \end{cases}$$

と表すことができる。1次変換 f によって移された直線上の点を (x', y', z') とすると

$$\begin{pmatrix} x' \\ y' \\ z' \end{pmatrix} = \begin{pmatrix} 1 & -1 & 2 \\ -2 & 3 & 1 \\ 0 & 1 & 5 \end{pmatrix} \begin{pmatrix} x \\ y \\ z \end{pmatrix} = \begin{pmatrix} 1 & -1 & 2 \\ -2 & 3 & 1 \\ 0 & 1 & 5 \end{pmatrix} \begin{pmatrix} -3t+4 \\ t+2 \\ 2t-1 \end{pmatrix}$$

$$= \begin{pmatrix} (-3t+4)-(t+2)+2(2t-1) \\ -2(-3t+4)+3(t+2)+(2t-1) \\ 0+(t+2)+5(2t-1) \end{pmatrix} = \begin{pmatrix} 0 \\ 11t-3 \\ 11t-3 \end{pmatrix}$$

よって

$$\begin{cases} x' = 0 \\ y' = 11t-3 \\ z' = 11t-3 \end{cases}$$

となるので，求める図形の方程式は，$x = 0$, $y = z$

（答）　$x = 0$, $y = z$

> **参考** 1次変換
>
> $A = \begin{pmatrix} 1 & -1 & 2 \\ -2 & 3 & 1 \\ 0 & 1 & 5 \end{pmatrix}$ とおき,点 (x, y, z) が1次変換 f によって移された点を
>
> (x', y', z') とすると,$\begin{pmatrix} x' \\ y' \\ z' \end{pmatrix} = A \begin{pmatrix} x \\ y \\ z \end{pmatrix}$ と表すことができる。具体的には,
>
> $x' = x - y + 2z$, $y' = -2x + 3y + z$, $z' = y + 5z$ から $2x' + y' - z' = 0$ となって,法線ベクトル $(2, 1, -1)$ の平面の方程式を表す。また,A を行基本変形することで
>
> $A = \begin{pmatrix} 1 & -1 & 2 \\ -2 & 3 & 1 \\ 0 & 1 & 5 \end{pmatrix} \to \begin{pmatrix} 1 & -1 & 2 \\ 0 & 1 & 5 \\ 0 & 1 & 5 \end{pmatrix} \to \begin{pmatrix} 1 & -1 & 2 \\ 0 & 1 & 5 \\ 0 & 0 & 0 \end{pmatrix}$ から $\mathrm{rank}A = 2$
>
> となるので,1次変換 f によって,3次元空間 (x, y, z) 全体が2次元の平面に写像される(つぶれるイメージ)ことがわかる。
>
> なお,本問においては,次元定理 $\dim V = \dim(\mathrm{Im} f) + \dim(\mathrm{Ker} f)$ より
>
> $\dim V = 3$, $\dim(\mathrm{Im} f) = \mathrm{rank} A = 2$,
>
> $\dim(\mathrm{Ker} f) = \dim V - \dim(\mathrm{Im} f) = 3 - 2 = 1$
>
> となって,$\dim V = 3$ から $\dim(\mathrm{Im} f) = 2$ と像空間では1次元小さくなった分,$\dim(\mathrm{Ker} f) = 1$ となって核空間に移ったと考えることができる。

問題4.

① 6枚のカードの中から2枚のカードを取り出す場合の数は $_6C_2 = \dfrac{6 \cdot 5}{2 \cdot 1} = 15$ 通りある。

2枚のカードに書かれている数の積 X は $X = 1, 2, 3, 4, 6$ という値をとり,それぞれの場合の数を求めると

$X = 1$ のとき $_3C_2 = 3$ 通り

$X = 2$ のとき $_3C_1 \times {_2C_1} = 6$ 通り

$X = 3$ のとき $_3C_1 \times {_1C_1} = 3$ 通り

$X = 4$ のとき $_2C_2 = 1$ 通り

$X = 6$ のとき $_2C_1 \times {_1C_1} = 2$ 通り

よって,表にすると次のようになる。

第1回　1次：計算技能検定《解答・解説》

X	1	2	3	4	6	合計
確率	$\dfrac{1}{5}$	$\dfrac{2}{5}$	$\dfrac{1}{5}$	$\dfrac{1}{15}$	$\dfrac{2}{15}$	1

$$E(X) = 1 \times \frac{1}{5} + 2 \times \frac{2}{5} + 3 \times \frac{1}{5} + 4 \times \frac{1}{15} + 6 \times \frac{2}{15} = \frac{40}{15} = \frac{8}{3}$$

（答）　$\dfrac{8}{3}$

② $V(X) = E(X^2) - \{E(X)\}^2$

$$= \left(1^2 \times \frac{1}{5} + 2^2 \times \frac{2}{5} + 3^2 \times \frac{1}{5} + 4^2 \times \frac{1}{15} + 6^2 \times \frac{2}{15}\right) - \left(\frac{8}{3}\right)^2 = \frac{106}{45}$$

（答）　$\dfrac{106}{45}$

別解　$V(X) = \left(1 - \dfrac{8}{3}\right)^2 \times \dfrac{1}{5} + \left(2 - \dfrac{8}{3}\right)^2 \times \dfrac{2}{5} + \left(3 - \dfrac{8}{3}\right)^2 \times \dfrac{1}{5}$

$$+ \left(4 - \frac{8}{3}\right)^2 \times \frac{1}{15} + \left(6 - \frac{8}{3}\right)^2 \times \frac{2}{15} = \frac{106}{45}$$

参考　分散

確率変数 X が下の表に示された分布に従うとする。

X	x_1	x_2	x_3	⋯	x_n	合計
確率	p_1	p_2	p_3	⋯	p_n	1

X の期待値を m とすると，X の各値と m との隔たりの程度を表す量として
　　$(x_1 - m)^2, (x_2 - m)^2, (x_3 - m)^2, \cdots, (x_n - m)^2$
が考えられ，$(X - m)^2$ はこれらの値をとる確率変数である。
確率変数 $(X - m)^2$ の期待値 $E((X - m)^2)$ を，確率変数 X の分散といい，$V(X)$ で表す。
このとき，$V(X)$ は次の式で与えられる。
　　$V(X) = (x_1 - m)^2 p_1 + (x_2 - m)^2 p_2 + (x_3 - m)^2 p_3 + \cdots + (x_n - m)^2 p_n$
分散 $V(X)$ を表す式を変形すると

$$V(X) = \sum_{k=1}^{n}(x_k-m)^2 p_k = \sum_{k=1}^{n}(x_k^2-2mx_k+m^2)p_k$$
$$= \sum_{k=1}^{n}x_k^2 p_k - 2m\sum_{k=1}^{n}x_k p_k + m^2\sum_{k=1}^{n}p_k = \sum_{k=1}^{n}x_k^2 p_k - 2m\cdot m + m^2\cdot 1$$
$$= \sum_{k=1}^{n}x_k^2 p_k - m^2 = E(X^2) - \{E(X)\}^2$$

問題5.

① 部分積分を行う。

$$\int \arcsin 2x\, dx = \int (x)'\cdot \arcsin 2x\, dx = x\arcsin 2x - \int x\cdot (\arcsin 2x)'\, dx$$
$$= x\arcsin 2x - \int \frac{2x}{\sqrt{1-4x^2}}\, dx = x\arcsin 2x - \int \frac{(1-4x^2)'}{\sqrt{1-4x^2}}\left(-\frac{1}{4}\right) dx$$
$$= x\arcsin 2x + \frac{1}{4}\int (1-4x^2)'(1-4x^2)^{-\frac{1}{2}}\, dx$$
$$= x\arcsin 2x + \frac{1}{4}\cdot 2\cdot (1-4x^2)^{\frac{1}{2}} + C = x\arcsin 2x + \frac{\sqrt{1-4x^2}}{2} + C$$

（答）$x\arcsin 2x + \dfrac{\sqrt{1-4x^2}}{2} + C$ （C は積分定数）

② $y = \arcsin 2x$ より，$2x = \sin y$

よって，$x = \dfrac{1}{2}\sin y$ より，右図の色のついた部分が

求める面積 S となるから

$$S = -\int_{-\frac{1}{2}}^{0}\arcsin 2x\, dx + \int_{0}^{\frac{\sqrt{3}}{4}}\arcsin 2x\, dx$$
$$= -\left[x\arcsin 2x + \frac{\sqrt{1-4x^2}}{2}\right]_{-\frac{1}{2}}^{0}$$
$$\quad + \left[x\arcsin 2x + \frac{\sqrt{1-4x^2}}{2}\right]_{0}^{\frac{\sqrt{3}}{4}}$$

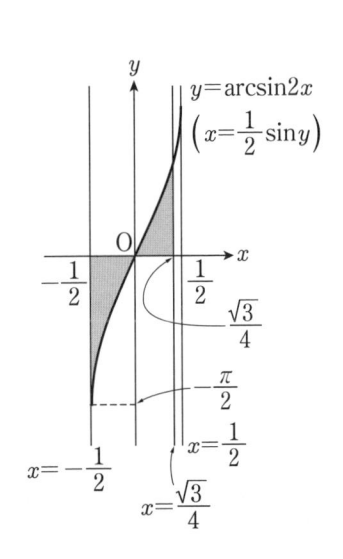

第1回　1次：計算技能検定《解答・解説》

$$= -\left\{\frac{1}{2} - \left(-\frac{1}{2}\arcsin(-1)\right)\right\} + \left\{\left(\frac{\sqrt{3}}{4}\arcsin\frac{\sqrt{3}}{2} + \frac{\sqrt{1-\frac{3}{4}}}{2}\right) - \frac{1}{2}\right\}$$

$$= -\left\{\frac{1}{2} + \frac{1}{2}\left(-\frac{\pi}{2}\right)\right\} + \left(\frac{\sqrt{3}}{4}\cdot\frac{\pi}{3} + \frac{1}{4} - \frac{1}{2}\right) = \frac{3+\sqrt{3}}{12}\pi - \frac{3}{4}$$

(答)　$\dfrac{3+\sqrt{3}}{12}\pi - \dfrac{3}{4}$

問題6.

E を単位行列とすると

$$|A-\lambda E| = \begin{vmatrix} 2-\lambda & -1 & 0 & 1 \\ -1 & 1-\lambda & 1 & 2 \\ 0 & 1 & -\lambda & -1 \\ -1 & 2 & -1 & -1-\lambda \end{vmatrix}$$

$$= \begin{vmatrix} 2-\lambda & -1 & 0 & 1 \\ -1 & 1-\lambda & 1 & 2 \\ 0 & 1 & -\lambda & -1 \\ 0 & \lambda+1 & -2 & -3-\lambda \end{vmatrix} \quad \text{(第2行 ×(−1) を第4行に加えた)}$$

$$= \begin{vmatrix} 2-\lambda & -1 & 0 & 0 \\ -1 & 1-\lambda & 1 & 3-\lambda \\ 0 & 1 & -\lambda & 0 \\ 0 & \lambda+1 & -2 & -2 \end{vmatrix} \quad \text{(第2列を第4列に加えた)}$$

$$= (2-\lambda) \times \begin{vmatrix} 1-\lambda & 1 & 3-\lambda \\ 1 & -\lambda & 0 \\ \lambda+1 & -2 & -2 \end{vmatrix} + \begin{vmatrix} -1 & 0 & 0 \\ 1 & -\lambda & 0 \\ \lambda+1 & -2 & -2 \end{vmatrix} \quad \text{(第1列で展開した)}$$

$$= (2-\lambda) \times (-\lambda^3 + 7\lambda - 4) + (-2\lambda) \quad \text{(サラスの方法で計算した)}$$

$$= \lambda^4 - 2\lambda^3 - 7\lambda^2 + 16\lambda - 8 = (\lambda-1)^2(\lambda^2 - 8)$$

固有方程式 $|A-\lambda E| = 0$ より，$(\lambda-1)^2(\lambda^2-8) = 0$

これを解いて，$\lambda = 1, \pm 2\sqrt{2}$

(答)　1（2重固有値），$\pm 2\sqrt{2}$

問題7.

$$\frac{d^2y}{dx^2}+4y=\sin 2x \quad \cdots ①$$

同伴方程式は，$y''+4y=0 \quad \cdots ②$

この特性方程式 $\lambda^2+4=0$ を解くと，$\lambda=\pm 2i$

よって，$\lambda_1=0+2i, \lambda_2=0-2i$ より，②の基本解は

$$y_1=e^{0\cdot x}\cos 2x=\cos 2x, \quad y_2=e^{0\cdot x}\sin 2x=\sin 2x$$

となるので，②の一般解は

$$C\cos 2x+C_0\sin 2x$$

となる。また，①の特殊解は

$$y_0=-y_1\int\frac{y_2 R(x)}{W(y_1,\ y_2)}dx+y_2\int\frac{y_1 R(x)}{W(y_1,\ y_2)}dx$$

ここで，ロンスキアン $W(y_1,\ y_2)$ は

$$W(y_1,\ y_2)=\begin{vmatrix} y_1 & y_2 \\ y_1' & y_2' \end{vmatrix}=\begin{vmatrix} \cos 2x & \sin 2x \\ -2\sin 2x & 2\cos 2x \end{vmatrix}=2\cos^2 2x+2\sin^2 2x=2$$

となるので

$$y_0=-\cos 2x\int\frac{\sin 2x\cdot\sin 2x}{2}dx+\sin 2x\int\frac{\cos 2x\cdot\sin 2x}{2}dx$$

$$=-\frac{1}{2}\cos 2x\int\sin^2 2x\,dx+\sin 2x\int\frac{1}{4}\cdot 2\sin 2x\cos 2x\,dx$$

$$=-\frac{1}{2}\cos 2x\int\frac{1-\cos 4x}{2}dx+\frac{1}{4}\sin 2x\int\sin 4x\,dx$$

$$=-\frac{1}{4}\cos 2x\left(x-\frac{1}{4}\sin 4x\right)+\frac{1}{4}\sin 2x\left(-\frac{1}{4}\cos 4x\right)$$

$$=-\frac{1}{4}x\cos 2x+\frac{1}{16}\sin 4x\cos 2x-\frac{1}{16}\sin 2x\cos 4x$$

$$=-\frac{1}{4}x\cos 2x+\frac{1}{16}\sin(4x-2x)=-\frac{1}{4}x\cos 2x+\frac{1}{16}\sin 2x$$

よって，①の一般解は

$$y=-\frac{1}{4}x\cos 2x+\frac{1}{16}\sin 2x+C\cos 2x+C_0\sin 2x$$

$$=\left(\frac{1}{16}+C_0\right)\sin 2x+\left(C-\frac{x}{4}\right)\cos 2x$$

$\dfrac{1}{16} + C_0 = C_1$, $C = C_2$ とおくと

$$y = C_1 \sin 2x + \left(C_2 - \dfrac{x}{4}\right)\cos 2x$$

（答）　$y = C_1 \sin 2x + \left(C_2 - \dfrac{x}{4}\right)\cos 2x$　（C_1, C_2 は任意定数）

別解　本問では，特性方程式 $\lambda^2 + 4 = 0$ で，$\lambda = \pm 2i$ となる。

$\dfrac{d^2 y}{dx^2} + 4y = \sin 2x$ における $\sin 2x$ の $2x$ と，$\lambda = \pm 2i$ の 2 の値が一致するので，

$\dfrac{d^2 y}{dx^2} + 4y = \sin 2x$ は特殊解 $y_0 = x(A\sin 2x + B\cos 2x)$ をもつことが知られている。これを利用して，別アプローチとして特殊解 y_0 を求めてみる。

$y_0' = A\sin 2x + B\cos 2x + x(2A\cos 2x - 2B\sin 2x)$
$y_0'' = 2A\cos 2x - 2B\sin 2x + 2A\cos 2x - 2B\sin 2x + x(-4A\sin 2x - 4B\cos 2x)$
$ = 4A\cos 2x - 4B\sin 2x - 4Ax\sin 2x - 4Bx\cos 2x$

これらを微分方程式 $\dfrac{d^2 y}{dx^2} + 4y = \sin 2x$ に代入して

$4A\cos 2x - 4B\sin 2x - 4Ax\sin 2x - 4Bx\cos 2x + 4Ax\sin 2x + 4Bx\cos 2x = \sin 2x$
$\quad 4A\cos 2x - 4B\sin 2x = \sin 2x$

両辺の係数を比較して

$\quad 4A = 0, \ -4B = 1$　から　$A = 0, \ B = -\dfrac{1}{4}$

よって，特殊解は，$y_0 = -\dfrac{1}{4}x\cos 2x$　…②

微分方程式の解は一般解と特殊解の和なので

$y = C_1 \sin 2x + C_2 \cos 2x - \dfrac{1}{4}x\cos 2x$

$ = C_1 \sin 2x + \left(C_2 - \dfrac{x}{4}\right)\cos 2x$

> **参考** 2階線形微分方程式の特殊解と2階同次微分方程式の一般解

・2階線形微分方程式 $y'' + P(x)y' + Q(x)y = R(x)$ …① (非同次方程式 $R(x) \neq 0$)
の特殊解を y_0 とおく。
また、①の同伴方程式 $y'' + P(x)y' + Q(x)y = 0$ …② (同次方程式) の一般解を
$$Y = C_1 y_1 + C_2 y_2 \quad (\text{ただし、ロンスキアン } W(y_1, y_2) \neq 0)$$
とおくと、①の一般解 y は、$y = y_0 + Y$ より
$$y = y_0 + C_1 y_1 + C_2 y_2 \quad (C_1, C_2 \text{は任意定数})$$
で表される (y_1, y_2 を②の基本解と呼ぶ)。
本問の解答のように、非同次方程式①の特殊解 y_0 は次の式で求まる。
$$y_0 = -y_1 \int \frac{y_2 R(x)}{W(y_1, y_2)} dx + y_2 \int \frac{y_1 R(x)}{W(y_1, y_2)} dx$$

(ただし、$W(y_1, y_2) = \begin{vmatrix} y_1 & y_2 \\ y_1' & y_2' \end{vmatrix} = y_1 y_2' - y_2 y_1'$ である)

・定数係数2階同次微分方程式 $y'' + ay' + by = 0$ (a, bは定数) の一般解は次のように求める。
この特性方程式 $\lambda^2 + a\lambda + b = 0$ の2つの解 λ_1, λ_2 について

(ⅰ) λ_1, λ_2 が相異なる2実数解であるとき
   基本解は、$e^{\lambda_1 x}$, $e^{\lambda_2 x}$
   一般解は、$y = C_1 e^{\lambda_1 x} + C_2 e^{\lambda_2 x}$
である。

(ⅱ) $\lambda_1 = \lambda_2$ の重解であるとき
   基本解は、$e^{\lambda_1 x}$, $xe^{\lambda_1 x}$
   一般解は、$y = C_1 e^{\lambda_1 x} + C_2 x e^{\lambda_1 x}$
である。

(ⅲ) λ_1, λ_2 が相異なる共役な虚数解であるとき
   $\lambda_1 = \alpha + i\beta$, $\lambda_2 = \alpha - i\beta$ (α, $\beta (\neq 0)$ は実数, i は虚数単位) とおくと
   基本解は、$e^{\alpha x} \cos \beta x$, $e^{\alpha x} \sin \beta x$
   一般解は、$y = C_1 e^{\alpha x} \cos \beta x + C_2 e^{\alpha x} \sin \beta x$
である (ただし、C_1, C_2 は任意定数)。

第1回 2次：数理技能検定 《問題》

問題1．（選択）

6で割ると1余る素数pに対して，$t^3 \equiv 1 \pmod{p}$を満たすtは1のほかに$1 < t < p$の範囲にさらに2個あります。これについて，次の問いに答えなさい。

（1） $p=67$に対して，$t^3 \equiv 1 \pmod{p}$を満たす1以外のtの値m，nを求めなさい。
ただし，$1 < m < n < p$とします。

（2） 任意の整数kをpで割った余りを$\overline{k}$ $(0 \leq \overline{k} < p)$と表します。$p$の倍数でない$k$と，(1)で求めた3乗根に相当する$m$，$n$から定まる$x = \overline{k}$，$y = \overline{km}$，$z = \overline{kn}$を
$$f(x, y, z) = x^2 + y^2 + z^2 - xy - yz - zx$$
に代入した値はつねにpの倍数ですが（このことは証明しなくてもかまいません），kをうまくとると$f(x, y, z) = p$が成り立つようにできます。$p=67$の場合に，そのようなkを$1 < k < p$の範囲で求めなさい。

問題2．（選択）

正の整数nに対して，a_nを次のように定義します。
$$a_n = \sum_{k+l=n} \frac{1}{(k+1)(l+1)}$$

ここにk，lは和がnになるような0または正の整数の組全体にわたります。これについて，次の問いに答えなさい。

（1） 数列$\{a_n\}$は単調に減少することを証明しなさい。　　　　　　　　（証明技能）

（2） $\displaystyle\lim_{n \to \infty} a_n$を求めなさい。

問題３．（選択）

半径 1 の球があります。これに外接する直円錐（側面と底面が球に外接する直円錐）のうち体積が最小のものについて，次の問いに答えなさい。

(1) 体積が最小の直円錐の底面の半径と高さを求めなさい。

(2) この直円錐を底面と平行な球の接平面で切って，円錐台に球を内接させます。この円錐台を，球の中心を通って底面に平行な平面で切ったとき，上下の円錐台からそれぞれ半球の部分を除いた部分の体積の比を求めて，できるだけ簡単な形で表しなさい。

問題４．（選択）

A さんはある歴史上の人物の知名度を調べるため，100 人を無作為に選んで調査したところ，60 人が「知っている」と答え，残りの 40 人は「知らない」と答えました。これについて，次の問いに答えなさい。ただし，解答の際には下の正規分布表の値を用いなさい。

(統計技能)

(1) この歴史上の人物の知名度（「知っている」と答えた人の割合）p の 90% の信頼区間を求めなさい。ただし，信頼限界の値は小数第 3 位を四捨五入して，小数第 2 位まで求めなさい。

(2) A さんは，知名度をより正確なものにすべく，(1) における p の 99% の信頼区間を求めたいと考えています。この信頼区間の幅（信頼区間が $[\hat{p} - q, \hat{p} + q]$ のときの q の値）を 0.05 以内にするためには（既に調査した 100 人を含めて）何人以上の調査をする必要があるでしょうか。答えは一の位を切り上げて，十の位の概数で求めなさい。

正規分布表

（平均 0，分散 1 の正規分布における上側 α 点の値 $z(\alpha)$ を表します）

α	$z(\alpha)$
0.005	2.576
0.01	2.326
0.025	1.960
0.05	1.645
0.1	1.282

第 1 回　2 次：数理技能検定《問題》

問題 5．（選択）

右の図のように，点 A, B と直線 l が次の条件を
満たすように与えられたとします．

・線分 AB が直線 l と共有点を持たない．
・直線 AB と直線 l は平行でない．

このとき，2 点 A, B を通り，直線 l に接する円が 2 つ存在しますが，そのうちの 1 つを
コンパスと定規のみで作図し，その手順も簡潔に記しなさい．
ただし，定規は直線を引くことだけに用いなさい．

（作図技能）

問題 6．（必須）

V を 3 次以下の実係数 1 変数多項式から成る実線形空間，W を 2 次以下の実係数 1 変数
多項式から成る実線形空間とします．V から W への写像 F を

$$F(f(x)) = 2xf''(x) - f'(x+1) + x^2 f(1)$$

によって定めます．これについて，次の問いに答えなさい．

(1) F は線形写像であることを示しなさい．　　　　　　　　　　　　　　（証明技能）

(2) V の基底を $\langle 1, 3x-5, 2x^2-3x, x^3-2x^2+4 \rangle$，$W$ の基底を $\langle 1, x-1, (x-1)^2 \rangle$ と
するとき，これら 2 つの基底に関する線形写像 F の表現行列を求めなさい．

（表現技能）

問題 7．（必須）

$0 < a < 2$ とします．円柱面 $(x-2+a)^2 + y^2 = a^2$ のうち，球面 $x^2+y^2+z^2=4$ の内部
にある部分の曲面積 $S(a)$ を a の関数として表し，a を冒頭の範囲で変化させたときの
$S(a)$ の最大値を求めなさい．

第1回 2次：数理技能検定 《解答・解説》

問題1.

（1） $t^3 \equiv 1 \pmod{p}$ より（この問題の合同式において以降 "$(\bmod p)$" を省略する）
$$t^3 - 1 = (t-1)(t^2+t+1) \equiv 0$$
である。ここで $p(=67)$ は素数であるから
$$t - 1 \equiv 0 \text{ または } t^2 + t + 1 \equiv 0$$
である。$t - 1 \equiv 0$ のとき $t \equiv 1$ となり不適。

これより，$t^2 + t + 1 \equiv 0$ である。このとき
$$4t^2 + 4t + 4 \equiv 0$$
$$4t^2 + 4t + 1 \equiv -3 \equiv 64$$
$$(2t+1)^2 \equiv 8^2$$
$$2t + 1 \equiv 8 \equiv -59 \text{ または } 2t + 1 \equiv -8 \equiv 59$$
$$2t + 1 \equiv -59 \text{ のとき，} t \equiv -30 \equiv 37$$
$$2t + 1 \equiv 59 \text{ のとき，} t \equiv 29$$
よって，$1 < m < n < p$ より，$m = 29$, $n = 37$ である。

（答）　$m = 29$, $n = 37$

（2）　$f(x, y, z) = \dfrac{1}{2}\{(x-y)^2 + (y-z)^2 + (z-x)^2\}$

であり，$2p$ を 3 個の平方数の和で表すと
$$2^2 + 3^2 + 11^2,\ 2^2 + 7^2 + 9^2,\ 3^2 + 5^2 + 10^2,\ 6^2 + 7^2 + 7^2$$
であるが，$z - x = (z - y) + (y - x)$ などより，$(x-y)^2$, $(y-z)^2$, $(z-x)^2$ の値はそれぞれ，2^2, 7^2, 9^2 のいずれか 1 つずつをとる。

ここで，$z - y = \overline{kn} - \overline{km} \equiv \overline{k(n-m)} = \overline{8k}$ や，$1 < k < 67$ であることに注意する。

（ i ）　$(y-z)^2 = 2^2$ のとき，$\overline{8k} = 2$, 65

$\overline{8k} = 2$ のとき，$4k \equiv 1 \equiv 68$ より $k = 17$

$\overline{8k} = 65 \equiv 132$ のとき，$2k \equiv 33 \equiv 100$ より $k = 50$

（ ii ）　$(y-z)^2 = 7^2$ のとき，$\overline{8k} = 7$, 60

$\overline{8k} = 7 \equiv 74$ のとき，$4k \equiv 37 \equiv 104$ より $k = 26$

$\overline{8k} = 60$ のとき，$2k \equiv 15 \equiv 82$ より $k = 41$

(ⅲ) $(y-z)^2 = 9^2$ のとき，$\overline{8k} \equiv 9, 58$

$\overline{8k} \equiv 9 \equiv 76$ のとき，$2k \equiv 19 \equiv 86$ より $k = 43$

$\overline{8k} \equiv 58$ のとき，$4k \equiv 29 \equiv 96$ より $k = 24$

以上，（ⅰ），（ⅱ），（ⅲ）より，$k = 17, 24, 26, 41, 43, 50$ である。

（答） $k = 17, 24, 26, 41, 43, 50$

参考 整数の表し方

たとえば，$z - x = (z - y) + (y - x)$ と表すと

$$\begin{cases} 9 = 2 + 7 & \text{から，} z - x = 9, \ z - y = 2, \ y - x = 7 \\ 2 = (-7) + 9 & \text{から，} z - x = 2, \ z - y = -7, \ y - x = 9 \\ 7 = 9 + (-2) & \text{から，} z - x = 7, \ z - y = 9, \ y - x = -2 \end{cases}$$

が考えられ，$(x-y)^2, (y-z)^2, (z-x)^2$ は $2^2, 7^2, 9^2$ のいずれか1つずつをとると考えられる。

問題2．

（1） $k + l = n$ において

$$\frac{1}{(k+1)(l+1)} = \frac{1}{k+l+2}\left(\frac{1}{k+1} + \frac{1}{l+1}\right) = \frac{1}{n+2}\left(\frac{1}{k+1} + \frac{1}{n-k+1}\right)$$

より

$$a_n = \frac{1}{n+2}\sum_{k=0}^{n}\left(\frac{1}{k+1} + \frac{1}{n-k+1}\right) = \frac{1}{n+2}\left(\sum_{k=0}^{n}\frac{1}{k+1} + \sum_{k=0}^{n}\frac{1}{n-k+1}\right)$$

$$= \frac{2}{n+2}\sum_{m=1}^{n+1}\frac{1}{m}$$

これより

$$a_n - a_{n+1} = \frac{2}{n+2}\sum_{m=1}^{n+1}\frac{1}{m} - \frac{2}{n+3}\sum_{m=1}^{n+2}\frac{1}{m}$$

$$= \frac{2}{(n+2)(n+3)}\sum_{m=1}^{n+1}\frac{1}{m} - \frac{2}{(n+2)(n+3)}$$

$$= \frac{2}{(n+2)(n+3)}\left(-1 + 1 + \sum_{m=2}^{n+1}\frac{1}{m}\right)$$

であるから，$a_n - a_{n+1} > 0$ である。よって，数列 $\{a_n\}$ は単調に減少する。

（2） $\displaystyle\sum_{m=1}^{n+1}\frac{1}{m} < 1 + \int_{1}^{n+1}\frac{1}{x}dx = 1 + \log(n+1)$

これより

$$0 < a_n < \frac{2\{1+\log(n+1)\}}{n+2} = \frac{2}{n+2} + \frac{2\log(n+1)}{n+2}$$

ここで

$$\lim_{n\to\infty}\frac{2}{n+2} = 0, \quad \lim_{n\to\infty}\frac{2\log(n+1)}{n+2} = 0$$

であるから，$\displaystyle\lim_{n\to\infty}a_n = 0$ である。

(答) 0

参考 面積による比較

（2）の冒頭で記されている $\displaystyle\sum_{m=1}^{n+1}\frac{1}{m} < 1 + \int_{1}^{n+1}\frac{1}{x}dx$ において，左辺は下図の色のついた長方形の面積和，右辺は斜線部分の面積で，面積の大きさを比較するとわかる。

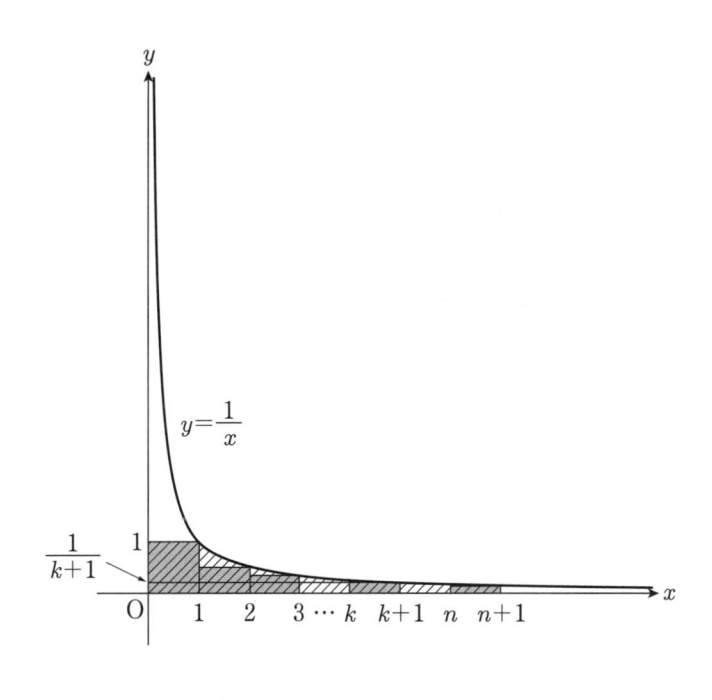

第1回　2次：数理技能検定《解答・解説》

問題3．

（1）円錐の底面の半径 $r (>1)$，高さ h，母線の長さ l について，$l^2 = r^2 + h^2$ …① が成り立つ。円錐をその軸を含む平面で切った切り口の三角形 VAB（V は円錐の頂点，AB は底面の直径）について，その面積は $\frac{1}{2} \times 2r \times h = rh$，周の長さは $2l + 2r$，内接円の半径は 1 より，$rh = l + r$ すなわち，$l = r(h-1)$ が成り立つ。

これを①に代入して整理すると

$$h = \frac{2r^2}{r^2 - 1} \quad (r > 1) \quad \cdots ②$$

これより円錐の体積は，$\frac{\pi}{3} hr^2 = \frac{2\pi}{3} \cdot \frac{r^4}{r^2 - 1}$ である。ここで

$$\frac{r^4}{r^2 - 1} = r^2 - 1 + \frac{1}{r^2 - 1} + 2$$

として相加平均・相乗平均の関係を用いると

$$\frac{r^4}{r^2 - 1} \geqq 2\sqrt{\frac{r^2 - 1}{r^2 - 1}} + 2 = 4$$

等号成立は $r^2 - 1 = \frac{1}{r^2 - 1}$，すなわち $r = \sqrt{2}$ のときに限る。

よって円錐の体積が最小となるのは $r = \sqrt{2}$ のときであり，このとき②より $h = 4$ である。なお円錐の体積の最小値は $\frac{8\pi}{3}$（球の体積の2倍）である。

（答）　底面の半径 $\sqrt{2}$，高さ 4

（2）（1）の結果より，$r = \sqrt{2}$，$h = 4$ とする。このとき，底面と平行な球の接平面は底面からの高さが 2 の位置にあり，その切り口の円の半径は $\frac{\sqrt{2}}{2}$ である。さらに球の中心を通って底面と平行な平面で切ったとき，上の円錐台について，上面，下面の円の半径はそれぞれ $\frac{\sqrt{2}}{2}$，$\frac{3\sqrt{2}}{4}$，下の円錐台について，上面，下面の円の半径はそれぞれ $\frac{3\sqrt{2}}{4}$，$\sqrt{2}$ であり，高さは上，下の円錐台ともに 1 である。

半球の体積は $\frac{2\pi}{3}$ であることから，上の円錐台の体積から半球の体積をひくと

$$\frac{\pi}{3} \cdot \left\{ \left(\frac{\sqrt{2}}{2}\right)^2 + \frac{\sqrt{2}}{2} \cdot \frac{3\sqrt{2}}{4} + \left(\frac{3\sqrt{2}}{4}\right)^2 \right\} - \frac{2}{3}\pi = \frac{19}{24}\pi - \frac{2}{3}\pi = \frac{1}{8}\pi$$

下の円錐台の体積から半球の体積をひくと

$$\frac{\pi}{3} \cdot \left\{ \left(\frac{3\sqrt{2}}{4}\right)^2 + \frac{3\sqrt{2}}{4} \cdot \sqrt{2} + (\sqrt{2})^2 \right\} - \frac{2}{3}\pi = \frac{37}{24}\pi - \frac{2}{3}\pi = \frac{7}{8}\pi$$

よって，求める体積比は，$\frac{1}{8}\pi : \frac{7}{8}\pi = 1:7$ である。

(答) 1：7

参考 円錐，円錐台の体積

（1） 円錐の体積 $V = \frac{2\pi}{3} \cdot \frac{r^4}{r^2-1}$ について，$\frac{dV}{dr} = \frac{2\pi}{3} \cdot \frac{2r^3(r^2-2)}{(r^2-1)^2} = 0$ から，V は $r = \sqrt{2}$ のとき最小と求めてもよい。

（2） 円錐台の体積 V は，図から $V = \frac{\pi}{3}(r_1^2 + r_1 r_2 + r_2^2)h$ となる。

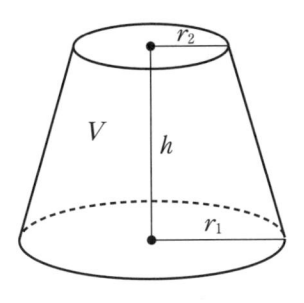

問題4．

（1） 標本比を $\overline{p}$ とすると $\overline{p} = 0.6$ である。これより信頼度90％における信頼限界は

$$\overline{p} \pm z\left(\frac{0.1}{2}\right)\sqrt{\frac{\overline{p}(1-\overline{p})}{100}} = 0.6 \pm 1.645\sqrt{\frac{0.6 \times 0.4}{100}} = 0.6 \pm 0.080588\cdots$$

よって，信頼限界を四捨五入して小数第2位まで求めることにより，信頼区間は

$$0.52 \leq p \leq 0.68$$

である。

(答) $0.52 \leq p \leq 0.68$

(2) $z\left(\dfrac{0.01}{2}\right)\sqrt{\dfrac{\bar{p}(1-\bar{p})}{n}} \leq 0.05$

を満たす n の範囲を求めればよい。

$$2.576\sqrt{\dfrac{0.6 \times 0.4}{n}} \leq 0.05$$

$$n \geq \dfrac{0.6 \times 0.4 \times 2.576^2}{0.05^2} = 637.034\cdots$$

よって一の位を切り上げて十の位までの概数を求めることにより，640人以上調査すればよいことがいえる。

(答) 640人以上

問題5．

作図の方法は次の通りである。

① Aを中心とした円をかく。
② Bを中心とした①と等しい半径の円をかく。
③ ①と②との交点の1つをPとする。
④ Pを中心とした①と等しい半径の円をかく。
⑤ 直線ABと l との交点をCとする。
⑥ Cを中心とした④と等しい半径の円をかき，④との交点をそれぞれ D_1，D_2 とする。
⑦ 線分CPと直線 D_1D_2 との交点をMとする。
⑧ Mを中心，半径CM（またはPM）の円をかく。
⑨ ④と⑧との交点の1つをTとする。
⑩ Cを中心，半径CTの円をかき，l との交点のうち，一方をKとする。
⑪ Kを中心とした①（または②）と等しい半径の円をかく。
⑫ ⑪と①との交点をそれぞれ E_1，E_2，⑪と②との交点をそれぞれ F_1，F_2 とし，直線 E_1E_2 と直線 F_1F_2 との交点をOとする。
⑬ Oを中心，半径OA（またはOB，OK）の円をかく。これが求める円である。

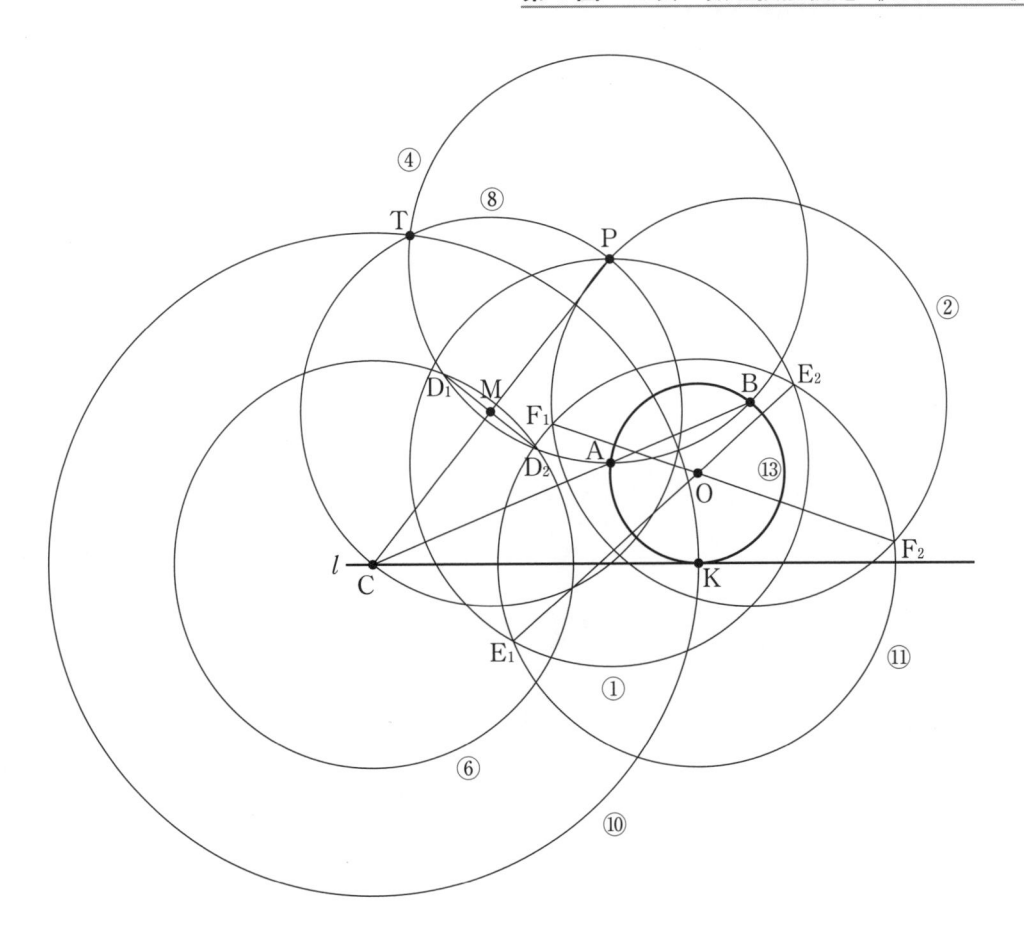

第1回　2次：数理技能検定《解答・解説》

参考　作図の解説

本問は，方べきの定理を用いて作図する。直線 AB と直線 l との交点を C としたとき，$CA \cdot CB = CK^2$ を満たす l 上の点 K をとれば，点 K が求める円の接点となる。

作図手順の説明

①～④：PA＝PB を満たす点 P（点 A，B の垂直二等分線上にある）を作図し，点 P を中心，半径 PA（または PB）の円をかく。この円を $\overline{C}$ とする。

⑥～⑧：線分 CP を直径とする円を作図する（この円を $\overline{\overline{C}}$ とする）。円 $\overline{C}$ と $\overline{\overline{C}}$ との交点を T とおくと，円 $\overline{\overline{C}}$ においては，円周角の定理より∠PTC＝90°
これから，直線 CT は円 $\overline{C}$ の接線で，点 T は接点である。
これより，円 $\overline{C}$ において方べきの定理より
　　　$CA \cdot CB = CT^2$　（点 A，B は円 $\overline{C}$ 上にある）
が成り立つ。

第1回　2次：数理技能検定《解答・解説》

⑩：CT＝CK を満たす直線 l 上の点 K をとれば，CA・CB＝CK^2 が成り立つので K は求める円の接点となる。

⑪〜⑬：点 A, B, K を通る円を作図する。

問題6.

（1）$f(x)$, $g(x)$ を V の元，α, β を実数の定数とするとき
$$F((\alpha f+\beta g)(x)) = 2x(\alpha f+\beta g)''(x) - (\alpha f+\beta g)'(x+1) + x^2(\alpha f+\beta g)(1)$$
$$= 2x(\alpha f''(x)+\beta g''(x)) - (\alpha f'(x+1)+\beta g'(x+1)) + x^2(\alpha f(1)+\beta g(1))$$
$$= \alpha(2xf''(x) - f'(x+1) + x^2 f(1)) + \beta(2xg''(x) - g'(x+1) + x^2 g(1))$$
$$= \alpha F(f(x)) + \beta F(g(x))$$

よって，F は V から W への線形写像である。

（2）
$$F(1) = x^2 = 1 + 2(x-1) + (x-1)^2$$
$$F(3x-5) = -2x^2 - 3 = -5 - 4(x-1) - 2(x-1)^2$$
$$F(2x^2-3x) = -x^2 + 4x - 1 = 2 + 2(x-1) - (x-1)^2$$
$$F(x^3-2x^2+4) = 12x^2 - 10x + 1 = 3 + 14(x-1) + 12(x-1)^2$$

であることから

$$(F(1),\ F(3x-5),\ F(2x^2-3x),\ F(x^3-2x^2+4))$$
$$= (1,\ x-1,\ (x-1)^2)\begin{pmatrix} 1 & -5 & 2 & 3 \\ 2 & -4 & 2 & 14 \\ 1 & -2 & -1 & 12 \end{pmatrix}$$

よって，求める表現行列は

$$\begin{pmatrix} 1 & -5 & 2 & 3 \\ 2 & -4 & 2 & 14 \\ 1 & -2 & -1 & 12 \end{pmatrix}$$

である。

（答）$\begin{pmatrix} 1 & -5 & 2 & 3 \\ 2 & -4 & 2 & 14 \\ 1 & -2 & -1 & 12 \end{pmatrix}$

> **参考** 線形写像
>
> ◎線形写像の定義
>
> V, W を実数 R 上のベクトル空間とする。
>
> V から W への写像 $f: V \to W$ が線形写像であるとは，以下の2つの条件を満たすことである。
>
> （ⅰ） $f(\boldsymbol{x}+\boldsymbol{y}) = f(\boldsymbol{x}) + f(\boldsymbol{y})$ $(\boldsymbol{x}, \boldsymbol{y} \in V)$
>
> （ⅱ） $f(\alpha\boldsymbol{x}) = \alpha f(\boldsymbol{x})$ $(\alpha \in R, \boldsymbol{x} \in V)$
>
> （ⅰ），（ⅱ）をまとめて
>
> $f(\alpha\boldsymbol{x}+\beta\boldsymbol{y}) = \alpha f(\boldsymbol{x}) + \beta f(\boldsymbol{y})$ $(\alpha, \beta \in R, \boldsymbol{x}, \boldsymbol{y} \in V)$
>
> の条件を満たしてもよい。
>
> ◎線形写像の表現行列
>
> V, W をベクトル空間で，$\boldsymbol{v}_1, \cdots, \boldsymbol{v}_n$, $\boldsymbol{w}_1, \cdots, \boldsymbol{w}_m$ をそれぞれ V, W の基底とする。
>
> 線形写像 $f: V \to W$ に対して
>
> $$f(\boldsymbol{v}_1) = a_{11}\boldsymbol{w}_1 + a_{21}\boldsymbol{w}_2 + \cdots + a_{m1}\boldsymbol{w}_m$$
> $$f(\boldsymbol{v}_2) = a_{12}\boldsymbol{w}_1 + a_{22}\boldsymbol{w}_2 + \cdots + a_{m2}\boldsymbol{w}_m$$
> $$\vdots$$
> $$f(\boldsymbol{v}_n) = a_{1n}\boldsymbol{w}_1 + a_{2n}\boldsymbol{w}_2 + \cdots + a_{mn}\boldsymbol{w}_m$$
>
> とするとき
>
> $$(f(\boldsymbol{v}_1), f(\boldsymbol{v}_2), \cdots, f(\boldsymbol{v}_n)) = (\boldsymbol{w}_1, \boldsymbol{w}_2, \cdots, \boldsymbol{w}_m) \begin{pmatrix} a_{11} & a_{12} & \cdots & a_{1n} \\ a_{21} & a_{22} & \cdots & a_{2n} \\ \vdots & \vdots & & \vdots \\ a_{m1} & a_{m2} & \cdots & a_{mn} \end{pmatrix} \text{(A)}$$
>
> と表され，（A）を f の表現行列という。
>
> 本問では，$\boldsymbol{v}_1$ は 1 に，$\boldsymbol{v}_2$ は $3x-5$ に，$\boldsymbol{v}_3$ は $2x^2-3x$ に，$\boldsymbol{v}_4$ は x^3-2x^2+4 に対応し，また，$\boldsymbol{w}_1$ は 1 に，$\boldsymbol{w}_2$ は $(x-1)$ に，$\boldsymbol{w}_3$ は $(x-1)^2$ にそれぞれ対応する。

問題7．

円柱面を $z=0$（xy 平面）で切ってできた円周は媒介変数 t により次のように表示される。

$x(t) = 2-a+a\cos t, \quad y(t) = a\sin t \quad (0 \leq t < 2\pi)$

第1回　2次：数理技能検定《解答・解説》

このとき，点 $(x(t), y(t), 0)$ から上半球面 $z = \sqrt{4-x^2-y^2}$ までの高さを $z(t)$ とすると

$$z(t) = \sqrt{4-(2-a+a\cos t)^2-(a\sin t)^2} = \sqrt{2a(2-a)(1-\cos t)}$$

$$= \sqrt{4a(2-a)\sin^2 \frac{t}{2}} = 2\sin\frac{t}{2}\sqrt{a(2-a)}$$

円周 $(x(t), y(t), 0)$ の $0 \leq t \leq t_0$ の部分の長さは at_0 であるから，円柱面が球面によって切り取られる部分の展開図は，tu 平面において 2 つの曲線 $u = \pm z(t)$ $(0 \leq t < 2\pi)$ が囲む図形を t 軸方向に a 倍したものになる。よって，切り取られる部分の面積 $S(a)$ は

$$S(a) = 2a \times \int_0^{2\pi} z(t)\,dt = 4a\sqrt{a(2-a)}\int_0^{2\pi} \sin\frac{t}{2}\,dt = 16\sqrt{a^3(2-a)}$$

ここで，相加・相乗平均の関係より

$$a^3(2-a) = \frac{a^3(6-3a)}{3} \leq \frac{1}{3}\left(\frac{a+a+a+6-3a}{4}\right)^4 = \frac{3^3}{2^4} = \frac{27}{16}$$

よって，$S(a)$ は $a = 6-3a$ すなわち $a = \dfrac{3}{2}$ のとき最大値 $12\sqrt{3}$ をとる。

（答）　$S(a) = 16\sqrt{a^3(2-a)}$, $S(a)$ の最大値 $12\sqrt{3}$

参考　円柱の断面積

円柱側面が球面によって切り取られる部分は下図の斜線部のような展開図になり，$\pm z(t)$ から展開図の面積の 2 倍になる。$l = at$ から，$\dfrac{dl}{dt} = a$ となって

$$S(a) = 2\int_0^{2\pi} z(t)\frac{dl}{dt}\,dt = 2a\int_0^{2\pi} z(t)\,dt$$

t	$0 \to 2\pi$
l	$0 \to 2\pi a$

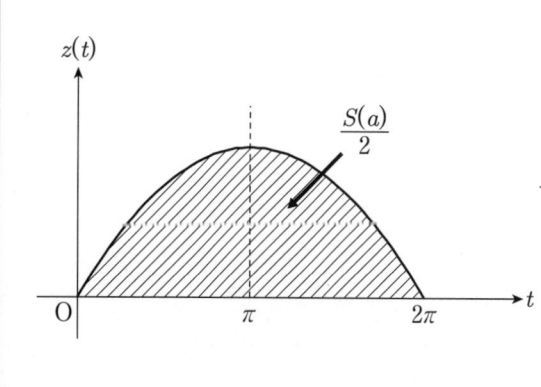

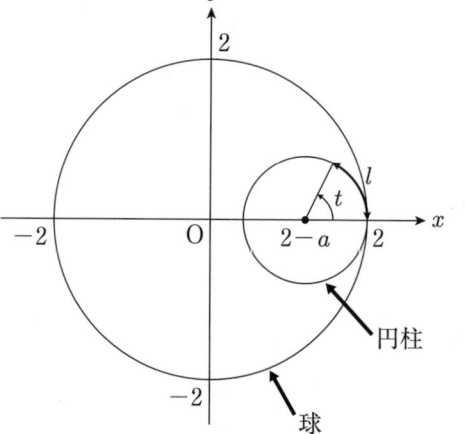

第2回

1次：計算技能検定《問題》　　　……　32
1次：計算技能検定《解答・解説》　……　35
2次：数理技能検定《問題》　　　……　43
2次：数理技能検定《解答・解説》　……　46

第2回 1次：計算技能検定 《問題》

問題1.

$x=6^8$, $y=12^6$ とおくとき，$x^x \cdot y^y$ はある正の整数 z によって z^z と表されます。この z を求め，素因数分解した形で答えなさい。

問題2.

i を虚数単位とします。$\sqrt{1+\sqrt{3}\,i}+\sqrt{1-\sqrt{3}\,i}$ を簡単にしなさい。ただし，外側の平方根はどちらも実数部が正の値をとるものとします。

問題3.

次の行列 A の階数（ランク）を求めなさい。

$$A = \begin{pmatrix} 3 & -3 & 1 & 5 & 9 \\ 8 & -11 & 0 & 11 & 22 \\ -3 & 12 & 7 & 2 & -3 \\ 7 & -13 & -3 & 7 & 17 \end{pmatrix}$$

問題4．

Aさんはダーツにおいて $\frac{1}{4}$ の確率でブル（ダーツの中央部分）に当てることができます。この確率でAさんが192回ダーツを投げるとき（これは1ラウンド3回ダーツを投げ，8ラウンドの合計得点を競う「カウント・アップ」を8回行ったものに相当します），次の問いに答えなさい。

① ブルに当たる回数の分散を求めなさい。

② ブルに当たる回数を X とするとき，$a \leqq X \leqq b$ である確率 $P(a \leqq X \leqq b)$ は次のように近似できます。

$$P(a \leqq X \leqq b) \fallingdotseq P\left(\frac{a - \frac{1}{2} - m}{\sigma} \leqq z \leqq \frac{b + \frac{1}{2} - m}{\sigma}\right) \quad \text{（半目盛の補正）}$$

ただし z は平均0，分散1の正規分布の確率変数であり，m は X の平均，また σ は X の標準偏差です。この近似と下の表を用いて，ブルに当たる回数が41回以上58回以下である確率を小数第4位まで求めなさい。

正規分布表の一部 $\left(I(x) = \dfrac{1}{\sqrt{2\pi}} \displaystyle\int_0^x e^{-\frac{t^2}{2}} dt \text{ の値}\right)$

x	.00	.01	.02	.03	.04	.05	.06	.07	.08	.09
1.0	0.3413	0.3438	0.3461	0.3485	0.3508	0.3531	0.3554	0.3577	0.3599	0.3621
1.1	0.3643	0.3665	0.3686	0.3708	0.3729	0.3749	0.3770	0.3790	0.3810	0.3830
1.2	0.3849	0.3869	0.3888	0.3907	0.3925	0.3944	0.3962	0.3980	0.3997	0.4015
1.3	0.4032	0.4049	0.4066	0.4082	0.4099	0.4115	0.4131	0.4147	0.4162	0.4177
1.4	0.4192	0.4207	0.4222	0.4236	0.4251	0.4265	0.4279	0.4292	0.4306	0.4319
1.5	0.4332	0.4345	0.4357	0.4370	0.4382	0.4394	0.4406	0.4418	0.4429	0.4441
1.6	0.4452	0.4463	0.4474	0.4484	0.4495	0.4505	0.4515	0.4525	0.4535	0.4545
1.7	0.4554	0.4564	0.4573	0.4582	0.4591	0.4599	0.4608	0.4616	0.4625	0.4633
1.8	0.4641	0.4649	0.4656	0.4664	0.4671	0.4678	0.4686	0.4693	0.4699	0.4706
1.9	0.4713	0.4719	0.4726	0.4732	0.4738	0.4744	0.4750	0.4756	0.4761	0.4767
2.0	0.4772	0.4778	0.4783	0.4788	0.4793	0.4798	0.4803	0.4808	0.4812	0.4817

問題5．

関数 $f(x) = e^{3x}\sin 2x$ について，次の問いに答えなさい。ただし，$f^{(n)}(x)$ は $f(x)$ の第 n 次導関数を表します。

① $f^{(4)}(0)$ の値を求めなさい。

② $f^{(5)}(0)$ の値を求めなさい。

問題6．

次の行列式を計算し，係数が実数の範囲で因数分解した形で答えなさい。

$$\begin{vmatrix} 0 & 1 & x & x & 1 \\ 1 & 0 & 1 & x & x \\ x & 1 & 0 & 1 & x \\ x & x & 1 & 0 & 1 \\ 1 & x & x & 1 & 0 \end{vmatrix}$$

問題7．

$D = \{(x, y) \mid 1 \leqq x^2 + y^2 \leqq 4, x \geqq 0, y \geqq 0\}$ とおくとき，次の二重積分の値を求めなさい。

$$\iint_D xy\,dxdy$$

第2回　1次：計算技能検定
《解答・解説》

問題1.
$x^x \cdot y^y = z^z$ について，両辺の対数（底は10）をとる（ここから以後，底10は省略する）。

$x\log x + y\log y = z\log z$

(左辺) $= x\log x + y\log y = 6^8\log 6^8 + 12^6\log 12^6 = 8 \cdot 6^8\log 6 + 6 \cdot 12^6\log 12$

$= 2^3 \cdot 2^8 \cdot 3^8\log 6 + 2 \cdot 3 \cdot 2^{12} \cdot 3^6\log 12 = 2^{11} \cdot 3^8\log 6 + 2^{13} \cdot 3^7\log 12$

$= 2^{11} \cdot 3^7(3\log 6 + 2^2\log 12) = 2^{11} \cdot 3^7(\log 6^3 + \log 12^4) = 2^{11} \cdot 3^7\log(6^3 \cdot 12^4)$

$= 2^{11} \cdot 3^7\log\{(2 \cdot 3)^3 \cdot (2^2 \cdot 3)^4\} = 2^{11} \cdot 3^7\log(2^3 \cdot 3^3 \cdot 2^8 \cdot 3^4) = 2^{11} \cdot 3^7\log(2^{11} \cdot 3^7)$

よって，$z = 2^{11} \cdot 3^7$

(答)　$z = 2^{11} \cdot 3^7$

別解　$x^x \cdot y^y = (6^8)^{6^8} \cdot (12^6)^{12^6} = 6^{8 \cdot 6^8} \cdot 12^{6 \cdot 12^6}$ のそれぞれの指数を変形する。

6の指数　$8 \cdot 6^8 = 2^3 \cdot (2 \cdot 3)^8 = 2^3 \cdot 2^8 \cdot 3^8 = 2^{11} \cdot 3^8$

12の指数　$6 \cdot 12^6 = 2 \cdot 3 \cdot (2^2 \cdot 3)^6 = 2 \cdot 3 \cdot 2^{12} \cdot 3^6 = 2^{13} \cdot 3^7$

$2^{11} \cdot 3^8$ と $2^{13} \cdot 3^7$ の最大公約数は $2^{11} \cdot 3^7$ であるから

$x^x \cdot y^y = (2 \cdot 3)^{2^{11} \cdot 3^8} \cdot (2^2 \cdot 3)^{2^{13} \cdot 3^7}$

$= (2 \cdot 3)^{2^{11} \cdot 3 \cdot 3^7} \cdot (2^2 \cdot 3)^{2^2 \cdot 2^{11} \cdot 3^7} = \{(2 \cdot 3)^3 \cdot (2^2 \cdot 3)^{2^2}\}^{2^{11} \cdot 3^7}$

$= (2^3 \cdot 3^3 \cdot 2^{2 \cdot 2^2} \cdot 3^{2^2})^{2^{11} \cdot 3^7} = (2^3 \cdot 3^3 \cdot 2^8 \cdot 3^4)^{2^{11} \cdot 3^7} = (2^{11} \cdot 3^7)^{2^{11} \cdot 3^7}$

よって，$z = 2^{11} \cdot 3^7$ となる。

問題2.
$\sqrt{1 + \sqrt{3}\,i} = a + bi$　（$a(> 0)$, b は実数）とおくと，$1 + \sqrt{3}\,i = a^2 - b^2 + 2abi$
から

$a^2 - b^2 = 1$　…①

$2ab = \sqrt{3}$　…②

②から，$b = \dfrac{\sqrt{3}}{2a}$ を①に代入して，整理すると

第2回 1次：計算技能検定《解答・解説》

$$4a^4 - 4a^2 - 3 = 0$$
$$(2a^2+1)(2a^2-3) = 0$$

$2a^2+1 \neq 0$ より，$2a^2 = 3$，$a = \dfrac{\sqrt{6}}{2}$ （$\because a>0$）

$b = \dfrac{\sqrt{3}}{2a}$ に代入して，$b = \dfrac{\sqrt{3}}{2} \times \dfrac{2}{\sqrt{6}} = \dfrac{\sqrt{2}}{2}$

よって，$\sqrt{1+\sqrt{3}\,i} = \dfrac{\sqrt{6}+\sqrt{2}\,i}{2}$

同様に，$\sqrt{1-\sqrt{3}\,i} = \dfrac{\sqrt{6}-\sqrt{2}\,i}{2}$ が得られるから

$$\sqrt{1+\sqrt{3}\,i} + \sqrt{1-\sqrt{3}\,i} = \sqrt{6}$$

（答）　$\sqrt{6}$

別解

$z = \sqrt{1+\sqrt{3}\,i} + \sqrt{1-\sqrt{3}\,i}$ とする。

$$z = \sqrt{1+\sqrt{3}\,i} + \sqrt{1-\sqrt{3}\,i} = (1+\sqrt{3}\,i)^{\frac{1}{2}} + (1-\sqrt{3}\,i)^{\frac{1}{2}}$$

$$= \left\{2\left(\cos\dfrac{\pi}{3} + i\sin\dfrac{\pi}{3}\right)\right\}^{\frac{1}{2}} + \left\{2\left(\cos\left(-\dfrac{\pi}{3}\right) + i\sin\left(-\dfrac{\pi}{3}\right)\right)\right\}^{\frac{1}{2}}$$

$$= \sqrt{2}\left(\cos\dfrac{\pi}{3} + i\sin\dfrac{\pi}{3}\right)^{\frac{1}{2}} + \sqrt{2}\left(\cos\left(-\dfrac{\pi}{3}\right) + i\sin\left(-\dfrac{\pi}{3}\right)\right)^{\frac{1}{2}}$$

$$= \sqrt{2}\left\{\cos\left(\left(\dfrac{\pi}{3}+2k\pi\right)\times\dfrac{1}{2}\right) + i\sin\left(\left(\dfrac{\pi}{3}+2k\pi\right)\times\dfrac{1}{2}\right)\right\}$$
$$+ \sqrt{2}\left\{\cos\left(\left(-\dfrac{\pi}{3}+2k'\pi\right)\times\dfrac{1}{2}\right) + i\sin\left(\left(-\dfrac{\pi}{3}+2k'\pi\right)\times\dfrac{1}{2}\right)\right\}$$

（ただし，$k=0, 1$，$k'=0, 1$）

$$= \sqrt{2}\left\{\cos\left(\dfrac{\pi}{6}+k\pi\right) + i\sin\left(\dfrac{\pi}{6}+k\pi\right)\right\} + \sqrt{2}\left\{\cos\left(-\dfrac{\pi}{6}+k'\pi\right) + i\sin\left(-\dfrac{\pi}{6}+k'\pi\right)\right\}$$

実数部が正の値をとるのは，$k=0$，$k'=0$ のときなので

$$z = \sqrt{2}\left(\cos\dfrac{\pi}{6} + i\sin\dfrac{\pi}{6}\right) + \sqrt{2}\left(\cos\left(-\dfrac{\pi}{6}\right) + i\sin\left(-\dfrac{\pi}{6}\right)\right)$$

$$= \sqrt{2}\left(\dfrac{\sqrt{3}}{2} + \dfrac{1}{2}i\right) + \sqrt{2}\left(\dfrac{\sqrt{3}}{2} - \dfrac{1}{2}i\right) = \sqrt{6}$$

> **参考 ド・モアブルの定理**
>
> n が整数のとき
> $$(\cos\theta + i\sin\theta)^n = \cos n\theta + i\sin n\theta$$
> が成り立つ。これをド・モアブルの定理という。
>
> ド・モアブルの定理は指数が $\dfrac{1}{n}$ のとき
> $$(\cos\theta + i\sin\theta)^{\frac{1}{n}} = \cos\left(\frac{1}{n}(\theta + 2k\pi)\right) + i\sin\left(\frac{1}{n}(\theta + 2k\pi)\right)$$
> $$(k = 0,\ 1,\ 2,\ \cdots,\ n-1)$$
> という n 個の値をとる。

問題3.

基本変形を施して，階数を求める。

$$A = \begin{pmatrix} 3 & -3 & 1 & 5 & 9 \\ 8 & -11 & 0 & 11 & 22 \\ -3 & 12 & 7 & 2 & -3 \\ 7 & -13 & -3 & 7 & 17 \end{pmatrix} \to \begin{pmatrix} 1 & -3 & 3 & 5 & 9 \\ 0 & -11 & 8 & 11 & 22 \\ 7 & 12 & -3 & 2 & -3 \\ -3 & -13 & 7 & 7 & 17 \end{pmatrix} \quad \begin{pmatrix} \text{第1列と第3列} \\ \text{を入れ換えた} \end{pmatrix}$$

$$\to \begin{pmatrix} 1 & -3 & 3 & 5 & 9 \\ 0 & -11 & 8 & 11 & 22 \\ 0 & 33 & -24 & -33 & -66 \\ 0 & -22 & 16 & 22 & 44 \end{pmatrix} \quad \begin{pmatrix} \text{第1行}\times(-7)\text{を第3行に加えた} \\ \text{第1行}\times 3 \text{を第4行に加えた} \end{pmatrix}$$

$$\to \begin{pmatrix} 1 & -3 & 3 & 5 & 9 \\ 0 & -11 & 8 & 11 & 22 \\ 0 & 0 & 0 & 0 & 0 \\ 0 & 0 & 0 & 0 & 0 \end{pmatrix} \updownarrow \quad \begin{pmatrix} \text{第2行}\times 3 \text{を第3行に加えた} \\ \text{第2行}\times(-2)\text{を第4行に加えた} \end{pmatrix}$$

階段行列から，0でない成分を含んでいる行の数（図の$\updownarrow$箇所）が2であり，$\text{rank}\,A = 2$ であることがわかる。

(答) 2

第2回　1次：計算技能検定《解答・解説》

> **参考** 行列の基本変形
>
> 行列の階数は基本変形によって変わらない。
>
> 基本変形には，行基本変形と列基本変形がある。

問題4．

① ブルに当たる回数を X とする。X は二項分布 $B\left(192, \dfrac{1}{4}\right)$ に従うから

$$\text{分散}\quad V(X) = 192 \cdot \dfrac{1}{4} \cdot \left(1 - \dfrac{1}{4}\right) = 36$$

（答）　36

② X は二項分布 $B\left(192, \dfrac{1}{4}\right)$ に従うから

$$\text{期待値}\quad m = 192 \cdot \dfrac{1}{4} = 48,\quad \text{標準偏差}\quad \sigma = \sqrt{V(X)} = \sqrt{36} = 6$$

よって

$$P(41 \leqq X \leqq 58) \fallingdotseq P\left(\dfrac{41 - \dfrac{1}{2} - 48}{6} \leqq z \leqq \dfrac{58 + \dfrac{1}{2} - 48}{6}\right) = P\left(-\dfrac{5}{4} \leqq z \leqq \dfrac{7}{4}\right)$$

$$= P(-1.25 \leqq z \leqq 1.75) \fallingdotseq 0.3944 + 0.4599 = 0.8543$$

（答）　0.8543

> **参考** 二項分布
>
> 1回の試行で事象 A（本問では，ブルに当たる状況）が起こる確率が p であるとき，この試行を n 回行う反復試行において，A が r 回起こる確率は
>
> $$P_r = {}_n\mathrm{C}_r p^r q^{n-r} \quad\text{ただし，}q = 1 - p$$
>
> と表される。これを二項分布といい，$B(n, p)$ で表す。
>
> なお，確率変数 X が二項分布 $B(n, p)$ に従うとき，$q = 1 - p$ とすると
>
> $$\text{期待値}\ E(X) = np,\quad \text{分散}\ V(X) = npq,\quad \text{標準偏差}\ \sigma(X) = \sqrt{npq}$$
>
> が成り立つ。

問題5.

① $f(x) = e^{3x}\sin 2x$ から導関数を求めていく。

$f'(x) = 3e^{3x}\sin 2x + e^{3x} \cdot 2\cos 2x = e^{3x}(3\sin 2x + 2\cos 2x)$

$f''(x) = 3e^{3x}(3\sin 2x + 2\cos 2x) + e^{3x}(6\cos 2x - 4\sin 2x)$
$\quad = e^{3x}(5\sin 2x + 12\cos 2x)$

$f'''(x) = 3e^{3x}(5\sin 2x + 12\cos 2x) + e^{3x}(10\cos 2x - 24\sin 2x)$
$\quad = e^{3x}(-9\sin 2x + 46\cos 2x)$

$f^{(4)}(x) = 3e^{3x}(-9\sin 2x + 46\cos 2x) + e^{3x}(-18\cos 2x - 92\sin 2x)$
$\quad = e^{3x}(-119\sin 2x + 120\cos 2x)$

よって，$f^{(4)}(0) = 120$

（答） 120

② $f^{(5)}(x) = \dfrac{d}{dx}f^{(4)}(x) = 3e^{3x}(-119\sin 2x + 120\cos 2x) + e^{3x}(-238\cos 2x - 240\sin 2x)$
$\quad = e^{3x}(-597\sin 2x + 122\cos 2x)$

よって，$f^{(5)}(0) = 122$

（答） 122

別解 ① オイラーの公式を利用する。

① $f(x) = e^{3x}\sin 2x$ は，$e^{(3+2i)x} = e^{3x}e^{2xi} = e^{3x}(\cos 2x + i\sin 2x)$ の虚部と考える。

$g(x) = e^{(3+2i)x}$ として

$g^{(4)}(x) = (3+2i)^4 \cdot e^{(3+2i)x}$,

$g^{(4)}(0) = (3+2i)^4 = \{(3+2i)^2\}^2 = (5+12i)^2 = -119 + 120i$

よって，$f^{(4)}(0)$ は $g^{(4)}(0)$ の虚部をとって，$f^{(4)}(0) = 120$

② $g^{(5)}(x) = (3+2i)^5 \cdot e^{(3+2i)x}$ から

$g^{(5)}(0) = (3+2i)^5 = (3+2i)^4(3+2i) = (-119+120i)(3+2i)$
$\quad = -597 + 122i$

よって，$f^{(5)}(0) = 122$

別解 ② ライプニッツの定理を利用する。

① $f^{(4)}(x) = (e^{3x} \cdot \sin 2x)^{(4)} = \sum_{r=0}^{4} {}_4C_r (e^{3x})^{(4-r)} \cdot (\sin 2x)^{(r)}$

$= {}_4C_0 (e^{3x})^{(4)} \sin 2x + {}_4C_1 (e^{3x})^{(3)} (\sin 2x)' + {}_4C_2 (e^{3x})'' (\sin 2x)''$
$\qquad + {}_4C_3 (e^{3x})' (\sin 2x)^{(3)} + {}_4C_4 (e^{3x}) (\sin 2x)^{(4)}$

$= 81 e^{3x} \sin 2x + 4 \cdot 27 e^{3x} (2 \cos 2x) + 6 \cdot 9 e^{3x} (-4 \sin 2x)$
$\qquad + 4 \cdot 3 e^{3x} (-8 \cos 2x) + e^{3x} (16 \sin 2x)$

$= 81 e^{3x} \sin 2x + 216 e^{3x} \cos 2x - 216 e^{3x} \sin 2x - 96 e^{3x} \cos 2x + 16 e^{3x} \sin 2x$

$= e^{3x} (-119 \sin 2x + 120 \cos 2x)$

よって，$f^{(4)}(0) = 120$

② ①から $f^{(4)}(x) = e^{3x}(-119 \sin 2x + 120 \cos 2x)$ なので

$f^{(5)}(x) = \dfrac{d}{dx} f^{(4)}(x) = 3 e^{3x} (-119 \sin 2x + 120 \cos 2x) + e^{3x} (-238 \cos 2x - 240 \sin 2x)$

$\qquad = e^{3x} (-597 \sin 2x + 122 \cos 2x)$

よって，$f^{(5)}(0) = 122$

問題6.

$$\begin{vmatrix} 0 & 1 & x & x & 1 \\ 1 & 0 & 1 & x & x \\ x & 1 & 0 & 1 & x \\ x & x & 1 & 0 & 1 \\ 1 & x & x & 1 & 0 \end{vmatrix} = \begin{vmatrix} 2x+2 & 2x+2 & 2x+2 & 2x+2 & 2x+2 \\ 1 & 0 & 1 & x & x \\ x & 1 & 0 & 1 & x \\ x & x & 1 & 0 & 1 \\ 1 & x & x & 1 & 0 \end{vmatrix}$$ $\left(\begin{array}{l}\text{第2行から第5行まで} \\ \text{を第1行に加えた}\end{array}\right)$

$$= (2x+2) \begin{vmatrix} 1 & 1 & 1 & 1 & 1 \\ 1 & 0 & 1 & x & x \\ x & 1 & 0 & 1 & x \\ x & x & 1 & 0 & 1 \\ 1 & x & x & 1 & 0 \end{vmatrix}$$ (第1行から $(2x+2)$ をくくり出した)

$$= 2(x+1) \begin{vmatrix} 1 & 1 & 1 & 1 & 1 \\ 0 & -1 & 0 & x-1 & x-1 \\ 0 & 1-x & -x & 1-x & 0 \\ 0 & 0 & 1-x & -x & 1-x \\ 0 & x-1 & x-1 & 0 & -1 \end{vmatrix}$$ $\left(\begin{array}{l}\text{第1行} \times (-1) \text{を第2行に加えた} \\ \text{第1行} \times (-x) \text{を第3行に加えた} \\ \text{第1行} \times (-x) \text{を第4行に加えた} \\ \text{第1行} \times (-1) \text{を第5行に加えた}\end{array}\right)$

$$= 2(x+1)(-1)^{1+1} \cdot 1 \cdot \begin{vmatrix} -1 & 0 & x-1 & x-1 \\ 1-x & -x & 1-x & 0 \\ 0 & 1-x & -x & 1-x \\ x-1 & x-1 & 0 & -1 \end{vmatrix}$$ （第1列で展開した）

$$= 2(x+1) \begin{vmatrix} -1 & 0 & x-1 & x-1 \\ 0 & -x & 1-x+(x-1)(1-x) & (x-1)(1-x) \\ 0 & 1-x & -x & 1-x \\ 0 & x-1 & (x-1)^2 & -1+(x-1)^2 \end{vmatrix}$$ $\begin{pmatrix} \text{第1行×}(1-x)\text{を第2行} \\ \text{に加えた} \\ \text{第1行×}(x-1)\text{を第4行} \\ \text{に加えた} \end{pmatrix}$

$$= 2(x+1)(-1)^{1+1}(-1) \begin{vmatrix} -x & 1-x+(x-1)(1-x) & (x-1)(1-x) \\ 1-x & -x & 1-x \\ x-1 & (x-1)^2 & -1+(x-1)^2 \end{vmatrix}$$ （第1列で展開した）

$$= -2(x+1) \begin{vmatrix} -x & -x(x-1) & -(x-1)^2 \\ -(x-1) & -x & -(x-1) \\ x-1 & (x-1)^2 & x(x-2) \end{vmatrix}$$

$$= -2(x+1) \begin{vmatrix} -x+(x-1)^2 & 0 & 0 \\ -(x-1) & -x & -(x-1) \\ x-1 & (x-1)^2 & x(x-2) \end{vmatrix}$$ （第2行×$(1-x)$を第1行に加えた）

$$= -2(x+1)(-1)^{1+1}(-x+(x-1)^2) \begin{vmatrix} -x & -(x-1) \\ (x-1)^2 & x(x-2) \end{vmatrix}$$ （第1行で展開した）

$$= -2(x+1)(-x+x^2-2x+1)\{(-x) \cdot x(x-2) - (-(x-1)(x-1)^2)\}$$
$$= -2(x+1)(x^2-3x+1)(-x^2+3x-1)$$
$$= 2(x+1)(x^2-3x+1)^2$$

ここで，$x^2-3x+1=0$ を解くと，$x = \dfrac{3 \pm \sqrt{5}}{2}$

よって，$x^2-3x+1 = \left(x - \dfrac{3+\sqrt{5}}{2}\right)\left(x - \dfrac{3-\sqrt{5}}{2}\right)$ と因数分解することができる。

以上から

$$（与式）= 2(x+1)\left(x - \dfrac{3+\sqrt{5}}{2}\right)^2\left(x - \dfrac{3-\sqrt{5}}{2}\right)^2$$

（答）　$2(x+1)\left(x - \dfrac{3+\sqrt{5}}{2}\right)^2\left(x - \dfrac{3-\sqrt{5}}{2}\right)^2$

第2回 1次：計算技能検定《解答・解説》

問題7.

2次元極座標変換を使う。

$\begin{cases} x = r\cos\theta \\ y = r\sin\theta \end{cases}$ とすると，$1 \leq r \leq 2$, $0 \leq \theta \leq \dfrac{\pi}{2}$ となる。

$$\iint_D xy\,dxdy = \int_0^{\frac{\pi}{2}} \int_1^2 r\cos\theta \cdot r\sin\theta \cdot r\,drd\theta$$

$$= \int_1^2 r^3 dr \cdot \int_0^{\frac{\pi}{2}} \sin\theta\cos\theta\,d\theta = \int_1^2 r^3 dr \cdot \int_0^{\frac{\pi}{2}} \frac{1}{2}\sin 2\theta\,d\theta$$

$$= \left[\frac{1}{4}r^4\right]_1^2 \cdot \frac{1}{2}\left[-\frac{1}{2}\cos 2\theta\right]_0^{\frac{\pi}{2}} = \frac{1}{4}(16-1) \cdot \frac{1}{2} \cdot \left(-\frac{1}{2} \cdot (-2)\right) = \frac{15}{8}$$

（答）$\dfrac{15}{8}$

別解 極座標変換を使わない方法で解く。

$$\iint_D xy\,dxdy = \int_0^2 \left\{\int_0^{\sqrt{4-x^2}} xy\,dy\right\} dx - \int_0^1 \left\{\int_0^{\sqrt{1-x^2}} xy\,dy\right\} dx$$

$$= \int_0^2 \left[\frac{xy^2}{2}\right]_{y=0}^{y=\sqrt{4-x^2}} dx - \int_0^1 \left[\frac{xy^2}{2}\right]_{y=0}^{y=\sqrt{1-x^2}} dx = \frac{1}{2}\int_0^2 x(4-x^2)\,dx - \frac{1}{2}\int_0^1 x(1-x^2)\,dx$$

$$= \frac{1}{2}\left[2x^2 - \frac{x^4}{4}\right]_0^2 - \frac{1}{2}\left[\frac{x^2}{2} - \frac{x^4}{4}\right]_0^1 = \frac{1}{2}(8-4) - \frac{1}{2}\left(\frac{1}{2} - \frac{1}{4}\right) = \frac{15}{8}$$

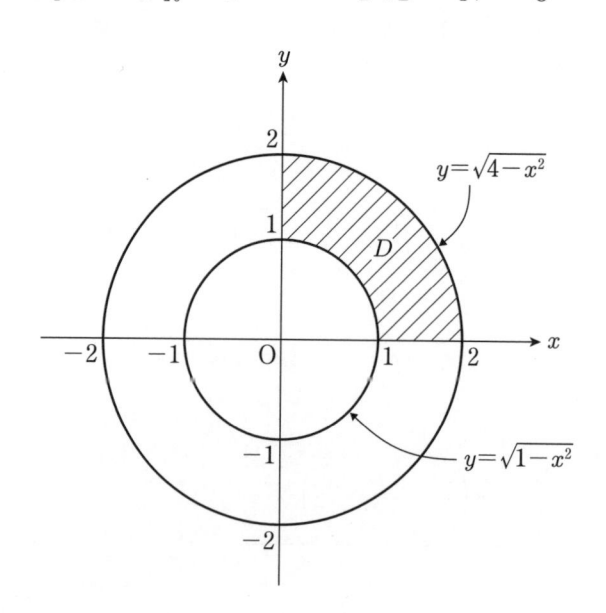

第2回 2次：数理技能検定 《問題》

問題1．（選択）

a, b, c を定数とするとき，次の4次方程式の解をすべて求めなさい。

$$x^4 - 2(a^2+b^2+c^2)x^2 - 8abcx + a^4 + b^4 + c^4 - 2(a^2b^2+b^2c^2+c^2a^2) = 0$$

問題2．（選択）

3次正方行列 $A = (a_{jk})$ に対して，その恒久式（permanent）を

$$\mathrm{perm}(A) = a_{11}a_{22}a_{33} + a_{11}a_{23}a_{32} + a_{12}a_{23}a_{31} + a_{12}a_{21}a_{33} + a_{13}a_{22}a_{31} + a_{13}a_{21}a_{32}$$

と定義します。いま A のすべての成分が非負 ($a_{jk} \geq 0$) であり，かつ

$$\sum_{j=1}^{3} a_{jk} = 1 \ (k=1, 2, 3), \quad \sum_{k=1}^{3} a_{jk} = 1 \ (j=1, 2, 3), \quad a_{11} = a_{33}, \ a_{13} = a_{31}$$

が成立するとき，$\mathrm{perm}(A)$ の最小値と，それを与える行列 A を求めなさい。

問題3．（選択）

半径1の円に内接する正 n 角形 $P_1 P_2 \cdots P_n$ を考えます。このうち相異なる頂点の組 P_j, P_k を結ぶ線分長の2乗をすべての組について加えた和を求めなさい。

第2回　2次：数理技能検定《問題》

問題4．（選択）

2つの量 x, y を誤差のある測定から定めようとして，次のような関係式を得ました。

$$\begin{cases} 3x - 4y = 0 \\ 4x + 3y - 21 = 0 \\ y - 3 = 0 \end{cases}$$

ところがこれらを座標で表すと，3本の直線は1点に交わりません。このとき，次の問いに答えなさい。　　　　　　　　　　　　　　　　　　　　　　　　（統計技能）

（1）　求める (x, y) を，上記の方程式で表される3直線からの「距離の最大値」が最小になるように決めると，x, y はどのような値になりますか。

（2）　今度は (x, y) を，上記の方程式の左辺に代入したときの式の値の2乗の和が最小になるように決めたいと思います。各方程式の x の係数の2乗と y の係数の2乗の和がそれぞれ等しいように重みをつけて計算するとき，x, y はどのような値になりますか。

問題5．（選択）

4枚のカード ♠, ♥, ♦, ♣ がこの順に並んでいます。これに対して次の2つの操作を考えます。

　A．全体の順序を逆にして ♣, ♦, ♥, ♠ とする。

　B．1番めの位置にあるカードをそのままにし，2番め，3番め，4番めの位置にあるカードをそれぞれ3番め，4番め，2番めの位置に動かして ♠, ♣, ♥, ♦ とする。

このとき，次の問いに答えなさい。

（1）　♠, ♥, ♦, ♣ から ♥, ♠, ♣, ♦ という配置にするには上記A，Bをどのように組み合わせればよいでしょうか。AまたはBを行うことを1回とし，その最小回数での手順を答えなさい。手順は，たとえばAを行ってからBを行うことを「A－B」と左から並べて表現する形で書きなさい。

　　この問題は解法の過程を書かずに答えだけを書きなさい。

（2）　上記A，Bをどのように組み合わせても ♠, ♥, ♦, ♣ から ♣, ♠, ♥, ♦ という配置にすることはできません。その理由を説明しなさい。

問題6．（必須）

A, B, C をある三角形の3つの内角の大きさとし，次の行列を考えます。

$$P = \begin{pmatrix} 0 & \cos C & \cos B \\ \cos C & 0 & \cos A \\ \cos B & \cos A & 0 \end{pmatrix}$$

これについて，次の問いに答えなさい。

(1) 1が固有値の1つであることを証明しなさい。 （証明技能）

(2) 他の2つの固有値を求めなさい。

(3) 固有値1に対する固有ベクトルを求めなさい。正規化（大きさを1に）する必要はありません。

問題7．（必須）

t を独立変数とする連立微分方程式

$$\frac{dx}{y+z} = \frac{dy}{z+x} = \frac{dz}{x+y} = dt$$

について，次の問いに答えなさい。

(1) 上の連立微分方程式の解で，$t=0$ のとき $x(0)=-1$, $y(0)=0$, $z(0)=2$ であるものを求めなさい。

(2) (1)で求めた解について，$x(t)=0$ となる t の値，および $z(t)$ が $t \geqq 0$ における最小値をとる t の値をそれぞれ求めなさい。

第2回 2次:数理技能検定 《解答・解説》

問題1.

4次方程式
$$x^4 - 2(a^2+b^2+c^2)x^2 - 8abcx + a^4+b^4+c^4 - 2(a^2b^2+b^2c^2+c^2a^2) = 0 \quad \cdots ①$$
の定数項は
$$(a^2-b^2-c^2+2bc)(a^2-b^2-c^2-2bc)$$
と因数分解され,この2項の和は
$$2a^2 - 2b^2 - 2c^2 = -2(a^2+b^2+c^2) + 4a^2$$
に等しい。したがって,x^2 の係数を $-4a^2 + (2a^2-2b^2-2c^2)$ と変形すると,①の左辺は
$$\{x^2+(a^2-b^2-c^2+2bc)\} \times \{x^2+(a^2-b^2-c^2-2bc)\} - 4a^2x^2 - 8abcx$$
と変形できる。これが
$$\{x^2+Ax+(a^2-b^2-c^2+2bc)\} \times \{x^2-Ax+(a^2-b^2-c^2-2bc)\}$$
と因数分解できるとすると
$$A^2 = 4a^2 \quad \cdots ②$$
$$A\{a^2-b^2-c^2-2bc-(a^2-b^2-c^2+2bc)\} = -8abc \quad \cdots ③$$
が成り立つ必要がある。③より $-4bcA = -8abc$ であり,ここで $A = 2a$ とすると③を満たし,また②も満たすことがわかる。すなわち,①の左辺は
$$\{x^2+2ax+(a^2-b^2-c^2+2bc)\} \times \{x^2-2ax+(a^2-b^2-c^2-2bc)\}$$
$$= \{x^2+2ax+(a+b-c)(a-b+c)\} \times \{x^2-2ax+(a+b+c)(a-b-c)\}$$
$$= \{x+(a+b-c)\}\{x+(a-b+c)\} \times \{x-(a+b+c)\}\{x-(a-b-c)\}$$
と因数分解できる。したがって,解は
$$x = a+b+c, \ a-b-c, \ -a+b-c, \ -a-b+c$$

(答) $x = a+b+c, \ a-b-c, \ -a+b-c, \ -a-b+c$

(解法アプローチ)

4次方程式
$$x^4 + k_1 x^3 + k_2 x^2 + k_3 x + k_4 = 0 \quad (k_1, \ k_2, \ k_3, \ k_4 \text{ は実数または複素数})$$
で,4つの解を $\alpha_1, \ \alpha_2, \ \alpha_3, \ \alpha_4$ とすると,解と係数の関係から

$$\alpha_1+\alpha_2+\alpha_3+\alpha_4=-k_1=0 \quad \cdots ①$$
$$\alpha_1\alpha_2\alpha_3\alpha_4=k_4=a^4+b^4+c^4-2(a^2b^2+b^2c^2+c^2a^2)$$
$$=(a^2-b^2-c^2+2bc)(a^2-b^2-c^2-2bc)=\{a^2-(b-c)^2\}\{a^2-(b+c)^2\}$$
$$=(a+b+c)(a-b-c)(a+b-c)(a-b+c) \quad \cdots ②$$

①,②から,4つの解は,$a+b+c,\ a-b-c,\ -a+b-c,\ -a-b+c$ と推定することができる。

問題2.

$a_{11}=a_{33}=x,\ a_{13}=a_{31}=y$ とおくと,$x\geqq 0,\ y\geqq 0$ であり,和の条件から
$$a_{12}=a_{21}=a_{23}=a_{32}=1-x-y,\ a_{22}=2x+2y-1$$

したがって,$\dfrac{1}{2}\leqq x+y\leqq 1$ であり

$$\mathrm{perm}(A)=(x^2+y^2)(2x+2y-1)+2(1-x-y)^2(x+y)$$

$s=x+y\ \left(\dfrac{1}{2}\leqq s\leqq 1\right),\ t=xy$ とおくと

$$\mathrm{perm}(A)=(s^2-2t)(2s-1)+2s(1-s)^2=4s^3-5s^2+2s-2t(2s-1)$$

$2s-1\geqq 0$ であるから,s を固定したとき,これを最小にするには,t を最大にすればよい。それは

$$t=xy=x(s-x)=-\left(x-\dfrac{s}{2}\right)^2+\dfrac{s^2}{4}$$

より,$x=y=\dfrac{s}{2}$ のときであって,このとき $t=\dfrac{s^2}{4}$ より

$$4s^3-5s^2+2s-\dfrac{s^2}{2}(2s-1)=3s^3-\dfrac{9}{2}s^2+2s$$

これを $f(s)$ とおき,$f(s)$ の $\dfrac{1}{2}\leqq s\leqq 1$ における最小値を考える。

$$f'(s)=9s^2-9s+2=(3s-1)(3s-2)$$
よって,増減表は右のようになる。

s	$\dfrac{1}{2}$	$\cdots$	$\dfrac{2}{3}$	$\cdots$	1
$f'(s)$		$-$	0	$+$	
$f(s)$	$\dfrac{1}{4}$	↘	極小	↗	$\dfrac{1}{2}$

よって,最小値は $f\left(\dfrac{2}{3}\right)=\dfrac{2}{9}$ である。

このとき $x=y=\dfrac{1}{3}$ であって,A の成分は,すべて $\dfrac{1}{3}$ になる。

(答) すべての成分が $\frac{1}{3}$ のとき,最小値 $\frac{2}{9}$

> **参考** 行列式と恒久式
>
> 3次正方行列 $A = \begin{pmatrix} a_{11} & a_{12} & a_{13} \\ a_{21} & a_{22} & a_{23} \\ a_{31} & a_{32} & a_{33} \end{pmatrix}$ で,行列式 $\det A$ は
>
> $$\det A = \mathrm{sgn}\begin{pmatrix} 1 & 2 & 3 \\ 1 & 2 & 3 \end{pmatrix}a_{11}a_{22}a_{33} + \mathrm{sgn}\begin{pmatrix} 1 & 2 & 3 \\ 2 & 3 & 1 \end{pmatrix}a_{12}a_{23}a_{31} + \mathrm{sgn}\begin{pmatrix} 1 & 2 & 3 \\ 3 & 1 & 2 \end{pmatrix}a_{13}a_{21}a_{32}$$
>
> $$+\mathrm{sgn}\begin{pmatrix} 1 & 2 & 3 \\ 3 & 2 & 1 \end{pmatrix}a_{13}a_{22}a_{31} + \mathrm{sgn}\begin{pmatrix} 1 & 2 & 3 \\ 2 & 1 & 3 \end{pmatrix}a_{12}a_{21}a_{33} + \mathrm{sgn}\begin{pmatrix} 1 & 2 & 3 \\ 1 & 3 & 2 \end{pmatrix}a_{11}a_{23}a_{32}$$
>
> で, $\mathrm{sgn}\begin{pmatrix} 1 & 2 & 3 \\ 1 & 2 & 3 \end{pmatrix}$, $\mathrm{sgn}\begin{pmatrix} 1 & 2 & 3 \\ 2 & 3 & 1 \end{pmatrix}$, $\mathrm{sgn}\begin{pmatrix} 1 & 2 & 3 \\ 3 & 1 & 2 \end{pmatrix}$ は偶置換でそれぞれ $+1$,
>
> $\mathrm{sgn}\begin{pmatrix} 1 & 2 & 3 \\ 3 & 2 & 1 \end{pmatrix}$, $\mathrm{sgn}\begin{pmatrix} 1 & 2 & 3 \\ 2 & 1 & 3 \end{pmatrix}$, $\mathrm{sgn}\begin{pmatrix} 1 & 2 & 3 \\ 1 & 3 & 2 \end{pmatrix}$ は奇置換でそれぞれ -1 としたものである。一方,恒久式は偶置換や奇置換による符号変化をなくし,すべて $+1$ としたものと考える。

問題3.

1つの頂点 P_1 を固定し, $\overline{\mathrm{P}_1\mathrm{P}_k}^2$ の k に関する和 $S = \sum_{k=1}^{n} \overline{\mathrm{P}_1\mathrm{P}_k}^2$ を計算する。正多角形の対称性より, P_1 を他の頂点に置き換えても,和の値は変わらない。

よって, $\overline{\mathrm{P}_j\mathrm{P}_k}^2$ の $1 \leqq j \leqq n$, $1 \leqq k \leqq n$ に関する和は S_n である。同一の弦 $\mathrm{P}_j\mathrm{P}_k$ が2度数えられていることに注意して,相異なる頂点の組を結ぶ線分長の2乗の総和は $\frac{1}{2}S_n$ とわかる。$1 < k < \frac{n}{2}+1$ のとき, $\overline{\mathrm{P}_1\mathrm{P}_k}$ は頂角 $\frac{2\pi(k-1)}{n}$ の二等辺三角形の底辺であるから, $\frac{\pi}{n} = \theta$ とおくと

$$\overline{\mathrm{P}_1\mathrm{P}_k}^2 = \{2\sin(k-1)\theta\}^2 = 2\{1-\cos 2(k-1)\theta\}$$

この式は, $k=1$, $\frac{n}{2}+1 \leqq k$ についても成り立つ。

よって, $S = 2n - 2\sum_{k=1}^{n} \cos 2(k-1)\theta$ である。

ここで $k-1 = l$ とおくと，オイラーの公式より

$$2\sum_{k=1}^{n}\cos 2(k-1)\theta = 2\sum_{l=0}^{n-1}\cos 2l\theta = \sum_{l=0}^{n-1}(e^{2l\theta i} + e^{-2l\theta i}) = \sum_{l=0}^{n-1}(w^l + w^{-l})$$

$$= \frac{1-w^n}{1-w} + \frac{1-w^{-n}}{1-w^{-1}} = 0$$

ただし，$w = e^{2\theta i} (\neq 1)$ とおき，$w^n = e^{2n\theta i} = e^{2\pi i} = 1$ を用いた。

よって $S = 2n$ がわかり，求める和は $\frac{1}{2}S_n = n^2$ である。

（答） n^2

問題4.

（1） 第1式と第2式，第1式と第3式，第2式と第3式の直線の交点をそれぞれ A，B，C とおくと

$$A\left(\frac{84}{25}, \frac{63}{25}\right) = (3.36,\ 2.52),\ B(4,\ 3),\ C(3,\ 3)$$

であり，この3点を結んだ三角形の辺長は，次のようになる。

$$BC = 1,\quad CA = \sqrt{0.36^2 + 0.48^2} = 0.6,\quad AB = \sqrt{0.64^2 + 0.48^2} = 0.8$$

この3辺からの「距離の最大値」が最小となる点Pは △ABC の内心であり，辺からの距離は内接円の半径 r に等しい。$\angle CAB = 90°$ より △ABC の面積は，0.24 である。

よって，$\frac{r}{2}(1 + 0.6 + 0.8) = 0.24$ より，$r = 0.2$ であり，P の y 座標は，$3 - 0.2 = 2.8$ である。P から AB，AC に引いた垂線を PH，PK とすると，四角形 AHPK は正方形（1辺の長さ 0.2）となる。H は AB を $1:3$ に内分する点 $(3.52, 2.64)$，K は AC を $1:2$ に内分する点 $(3.24, 2.68)$ であるから，P の x 座標は

$$3.52 + 3.24 - 3.36 = 3.4$$

である。

（答） $x = 3.4,\ y = 2.8$

(2) 一般に，$a_j x + b_j y + c_j = 0$ $(1 \leq j \leq 3)$ に対する最小二乗近似は，2次式

$$\sum_{j=1}^{3}(a_j x + b_j y + c_j)^2$$
$$= \left(\sum_{j=1}^{3} a_j^2\right)x^2 + 2\left(\sum_{j=1}^{3} a_j b_j\right)xy + \left(\sum_{j=1}^{3} b_j^2\right)y^2 + 2\left(\sum_{j=1}^{3} a_j c_j\right)x + 2\left(\sum_{j=1}^{3} b_j c_j\right)y + \sum_{j=1}^{3} c_j^2$$

を最小にする x, y を求める計算である。

$$A = \sum_{j=1}^{3} a_j^2, \quad B = \sum_{j=1}^{3} b_j^2, \quad C = \sum_{j=1}^{3} c_j^2, \quad F = \sum_{j=1}^{3} b_j c_j, \quad G = \sum_{j=1}^{3} a_j c_j, \quad H = \sum_{j=1}^{3} a_j b_j$$

とおいて，上の2次式を x, y で偏微分して0とおいた方程式は次のようになる。

$$\begin{cases} Ax + Hy + G = 0 \\ Hx + By + F = 0 \end{cases}$$

ここでは係数の重みを $3^2 + 4^2 = 4^2 + 3^2 = 5^2$ にあわせるために第3式を $5y - 15 = 0$ として計算する。$a_1 = 3$, $b_1 = -4$, $c_1 = 0$, $a_2 = 4$, $b_2 = 3$, $c_2 = -21$, $a_3 = 0$, $b_3 = 5$, $c_3 = -15$ より，$A = 25$, $B = 50$, $C = 666$, $F = -138$, $G = -84$, $H = 0$

$$\begin{cases} 25x - 84 = 0 \\ 50y - 138 = 0 \end{cases} \text{を解いて，} \begin{cases} x = 3.36 \\ y = 2.76 \end{cases}$$

（答） $x = 3.36, y = 2.76$

問題5.

（1）　（答）　B–B–A–B

（2） 4枚のカード ♠, ♥, ♦, ♣ をそれぞれ 1, 2, 3, 4 とする。

このとき，♠, ♥, ♦, ♣ から，♣, ♠, ♥, ♦ という配置を置換で表すと

$$\begin{pmatrix} 1 & 2 & 3 & 4 \\ 4 & 1 & 2 & 3 \end{pmatrix} = (4\ 3\ 2\ 1) = (1\ 2)(1\ 3)(1\ 4)$$

これは奇置換である。ところが，与えられた操作 A, B をそれぞれ置換で表すと

$$A : \begin{pmatrix} 1 & 2 & 3 & 4 \\ 4 & 3 & 2 & 1 \end{pmatrix} = (2\ 3)(1\ 4)$$

$$B : \begin{pmatrix} 1 & 2 & 3 & 4 \\ 1 & 4 & 2 & 3 \end{pmatrix} = (2\ 4\ 3) = (2\ 3)(2\ 4)$$

であるからA，Bともに偶置換であり，A，Bをどのように組み合わせてもそれらの合成置換は奇置換にはならない。したがって，A，Bをどのように組み合わせても，♠，♥，♦，♣ から ♣，♠，♥，♦ という配置にすることはできない。

> **参考** **置換**
> （1） B－B－A－Bの操作で
> 最初の ♠，♥，♦，♣ の配置が，
> ♠，♣，♥，♦ ⇒ ♠，♦，♣，♥ ⇒ ♥，♣，♦，♠ ⇒ ♥，♠，♣，♦
> と変化していく。

問題6．
（1） P の固有方程式は

$$\begin{vmatrix} -\lambda & \cos C & \cos B \\ \cos C & -\lambda & \cos A \\ \cos B & \cos A & -\lambda \end{vmatrix} = 0$$

左辺を展開すると

$$-\lambda^3 + (\cos^2 A + \cos^2 B + \cos^2 C)\lambda + 2\cos A \cos B \cos C = 0 \quad \cdots ①$$

よって，$\lambda = 1$ が①を満たすことを示せばよい。$A + B + C = 180°$ より

$$\cos C = -\cos(A+B) = \sin A \sin B - \cos A \cos B$$

よって，$\cos C + \cos A \cos B = \sin A \sin B \quad \cdots ②$

$$(\text{左辺})^2 = \cos^2 C + 2\cos A \cos B \cos C + \cos^2 A \cos^2 B$$
$$(\text{右辺})^2 = (1 - \cos^2 A)(1 - \cos^2 B) = 1 - \cos^2 A - \cos^2 B + \cos^2 A \cos^2 B$$

より，$-1 + \cos^2 A + \cos^2 B + \cos^2 C + 2\cos A \cos B \cos C = 0 \quad \cdots ③$

よって，①の左辺に $\lambda = 1$ を代入した値は 0 であり，$\lambda = 1$ は①を満たす。
すなわち，P の固有値の 1 つは 1 である。

（2） ③に注意して，①の左辺を $1 - \lambda$ で割ると

$$\lambda^2 + \lambda + 2\cos A \cos B \cos C = 0$$

となるから，他の2つの固有値は

$$\lambda = \frac{1}{2}(-1 \pm \sqrt{1 - 8\cos A \cos B \cos C})$$

(答) $\dfrac{1}{2}(-1 \pm \sqrt{1 - 8\cos A \cos B \cos C})$

(3) $\lambda = 1$ に対する固有ベクトルの各成分を x, y, z とすると，P に右からかけて連立1次方程式

$$\begin{cases} -x + y\cos C + z\cos B = 0 \\ x\cos C - y + z\cos A = 0 \\ x\cos B + y\cos A - z = 0 \end{cases}$$

を得る。第1式に $\cos C$ をかけて第2式を加えると

$$-y(1 - \cos^2 C) + z(\cos C \cos B + \cos A) = 0$$

②を導いたのと同様の計算より

$$\cos C \cos B + \cos A = \sin B \sin C$$

がわかるので

$$y \sin^2 C = z \sin B \sin C$$

$\sin C > 0$ より，$y : z = \sin B : \sin C$

固有ベクトルは定数倍（$\neq 0$）しても固有ベクトルであるから $y = \sin B$, $z = \sin C$ としてもよい。このとき第1式より

$$x = \sin B \cos C + \sin C \cos B = \sin(B + C) = \sin A$$

よって，$\lambda = 1$ に対する固有ベクトルは

$$k \begin{pmatrix} \sin A \\ \sin B \\ \sin C \end{pmatrix} \quad (k \text{ は } 0 \text{ でない定数})$$

(答) $k \begin{pmatrix} \sin A \\ \sin B \\ \sin C \end{pmatrix}$ （k は 0 でない定数）

問題7．

(1) 与えられた連立微分方程式は

$$\dfrac{dx}{dt} = y + z, \quad \dfrac{dy}{dt} = z + x, \quad \dfrac{dz}{dt} = x + y$$

これらの和をとると，$\dfrac{d(x+y+z)}{dt} = 2(x+y+z)$

これを解くと，$x+y+z = Ce^{2t}$ （Cは積分定数）

$t=0$ のとき，$x+y+z = -1+0+2 = 1$ であるから，$C=1$

よって，$x+y+z = e^{2t}$ …①

また，差をとると，$\dfrac{d(x-y)}{dt} = -(x-y)$

$t=0$ のとき，$x-y=-1$

$\dfrac{d(x-z)}{dt} = -(x-z)$

$t=0$ のとき，$x-z=-3$ より

$\quad x-y = -e^{-t}$ …② ， $x-z = -3e^{-t}$ …③

がわかるので，①+②+③ より，$3x = e^{2t} - 4e^{-t}$

よって，$x = \dfrac{1}{3}(e^{2t} - 4e^{-t})$

これを②，③に代入して

$\quad y = \dfrac{1}{3}(e^{2t} - e^{-t}), \ z = \dfrac{1}{3}(e^{2t} + 5e^{-t})$

（答） $x = \dfrac{1}{3}(e^{2t} - 4e^{-t}), \ y = \dfrac{1}{3}(e^{2t} - e^{-t}), \ z = \dfrac{1}{3}(e^{2t} + 5e^{-t})$

（2） $x = \dfrac{1}{3}(e^{2t} - 4e^{-t}) = 0$ とおくと，$e^{2t} = 4e^{-t}$

これより，$e^{3t} = 4$，すなわち，$t = \dfrac{2}{3}\log_e 2$ を得る。

また，$\dfrac{dz}{dt} = \dfrac{1}{3}(2e^{2t} - 5e^{-t}) = 0$ より，$2e^{2t} = 5e^{-t}$

これを解いて，$e^{3t} = \dfrac{5}{2}$，すなわち，$t = \dfrac{1}{3}\log_e \dfrac{5}{2}$ (> 0)

$\dfrac{dz}{dt}$ の符号は $t = \dfrac{1}{3}\log_e \dfrac{5}{2}$ を境に負から正へと変わるので，z は $t = \dfrac{1}{3}\log_e \dfrac{5}{2}$ において最小値をとる。

（答） $x=0$ となる t の値 $\dfrac{2}{3}\log_e 2$，z が最小値をとる t の値 $\dfrac{1}{3}\log_e \dfrac{5}{2}$

> **別 解**

$$\frac{dx}{dt} = y + z \quad \cdots ①, \quad \frac{dy}{dt} = z + x \quad \cdots ②, \quad \frac{dz}{dt} = x + y \quad \cdots ③$$

①の両辺を t で微分して，$\dfrac{d^2x}{dt^2} = \dfrac{dy}{dt} + \dfrac{dz}{dt}$

②，③から，$\dfrac{d^2x}{dt^2} = z + x + x + y = 2x + z + y = 2x + \dfrac{dx}{dt}$

すなわち，$\dfrac{d^2x}{dt^2} - \dfrac{dx}{dt} - 2x = 0$

上式は x に関する 2 階線形微分方程式で，$x = e^{\lambda t}$ を代入すると，特性方程式は

$$\lambda^2 - \lambda - 2 = (\lambda + 1)(\lambda - 2) = 0$$

これを解いて，$\lambda = -1, 2$ から

$$x = c_1 e^{-t} + c_2 e^{2t} \quad (c_1, c_2 \text{ は定数}) \quad \cdots ④$$

$$\frac{dx}{dt} = -c_1 e^{-t} + 2c_2 e^{2t} \quad \cdots ⑤$$

④，⑤で初期条件 $t=0$ のとき，$x(0) = c_1 + c_2 = -1$，$y(0) + z(0) = 2 = -c_1 + 2c_2$

となって，$c_1 = -\dfrac{4}{3}$，$c_2 = \dfrac{1}{3}$

よって，$x = -\dfrac{4}{3}e^{-t} + \dfrac{1}{3}e^{2t}$ が得られる。

同様に y，z に関しても 2 階線形微分方程式

$$\frac{d^2y}{dt^2} - \frac{dy}{dt} - 2y = 0, \quad \frac{d^2z}{dt^2} - \frac{dz}{dt} - 2z = 0$$

が得られ，初期条件から，

$$y = -\frac{1}{3}e^{-t} + \frac{1}{3}e^{2t}, \quad z = \frac{5}{3}e^{-t} + \frac{1}{3}e^{2t}$$

が求められる。

第3回

1次：計算技能検定《問題》 …… 56
1次：計算技能検定《解答・解説》 …… 58
2次：数理技能検定《問題》 …… 67
2次：数理技能検定《解答・解説》 …… 70

第3回 1次：計算技能検定
《問題》

問題1.

次の連立合同式の解のうち，もっとも小さい正の整数 x を求めなさい。

$$\begin{cases} x \equiv 3 \pmod{4} \\ x \equiv 5 \pmod{7} \\ x \equiv 7 \pmod{11} \end{cases}$$

問題2.

確率変数 X の確率密度関数 $f(x)$ が

$$f(x) = \begin{cases} \dfrac{1}{5} & (0 \leqq x \leqq 5) \\ 0 & (x < 0,\ 5 < x) \end{cases}$$

で表されるとき，X の分散を求めなさい。

問題3.

次の行列の固有値をすべて求めなさい。

$$\begin{pmatrix} 11 & 8 & 5 & 10 \\ 14 & 1 & 4 & 15 \\ 2 & 13 & 16 & 3 \\ 7 & 12 & 9 & 6 \end{pmatrix}$$

問題4.

e を自然対数の底とします。このとき，複素数 z に対し，指数関数 e^z を

$$e^z = \sum_{n=0}^{\infty} \frac{1}{n!} z^n$$

と定義し，z の正弦 $\sin z$ を

$$\sin z = \frac{e^{iz} - e^{-iz}}{2i}$$

と定義します。このとき z を複素数とする方程式

$$\sin z = 2 \quad \cdots (A)$$

について，次の問いに答えなさい。

① 方程式（A）に対し，$w = e^{iz}$ とおくときにできる方程式

$$\frac{w - w^{-1}}{2i} = 2$$

の w に関する複素数解を求めなさい。

② 方程式（A）の解のうち，実数部分が 0 以上 2π 未満であるものを求めなさい。

問題 5．

空間内の 4 点 O$(0, 0, 0)$，A$(-1, 0, 2)$，B$(1, -2, -1)$，C$(2, -1, 3)$ について，次の問いに答えなさい。

① 線分 OA，OB を隣り合う 2 辺にもつ平行四辺形の面積を求めなさい。

② 線分 OA，OB，OC を隣り合う 3 辺にもつ平行六面体の体積を求めなさい。

問題 6．

次の極限値を求めなさい。

$$\lim_{n \to \infty} \sum_{k=1}^{n} \frac{1}{\sqrt{2nk - k^2}}$$

問題 7．

次の微分方程式の解のうち，初期条件「$x = -3$ のとき $y = 3$」を満たすものを求めなさい。

$$(2x + y + 3) + (2x + y + 6)\frac{dy}{dx} = 0$$

第3回 1次：計算技能検定 《解答・解説》

問題1.

$x \equiv 3 \pmod 4$ より，$x = 3 + 4l$ （l は整数）となる。

上式を $x \equiv 5 \pmod 7$ に代入して

$\quad 3 + 4l \equiv 5 \pmod 7, \quad 4l \equiv 2 \pmod 7$

$4 \times 2 \equiv 1 \pmod 7$ より，上式の両辺に 2 をかけて

$\quad 4 \times 2l \equiv 4 \pmod 7, \quad l \equiv 4 \pmod 7$

よって，$l = 4 + 7m$ （m は整数）から，$x = 3 + 4l$ に代入して

$\quad x = 3 + 4(4 + 7m) = 19 + 28m$

となる。上式を $x \equiv 7 \pmod{11}$ に代入して

$\quad 19 + 28m \equiv 7 \pmod{11}, \quad 28m \equiv -12 \pmod{11}$

$28 \times 2 \equiv 1 \pmod{11}$ より，上式の両辺に 2 をかけて

$\quad 28 \times 2m \equiv -24 \pmod{11}, \quad m \equiv -24 \equiv 9 \pmod{11}$

よって，$m = 9 + 11n$ （n は整数）と表せる。

すなわち，$x = 19 + 28m = 19 + 28(9 + 11n) = 271 + 308n$ が得られるので解は

$\quad x \equiv 271 \pmod{308}$

となり，$n=0$ とした $x=271$ が求めるもっとも小さい正の整数である。

（答） 271

参考① 合同式と解の求め方

・m は正の整数とする。2つの整数 a, b について $a-b$ が m の倍数であるとき，a と b は m を法として合同であるといい，式で $a \equiv b \pmod m$ と表す。このような式を合同式という。a と b が m を法として合同であるとは，a を m で割った余りと，b を m で割った余りが等しいということと同じである。

本問は，4で割ると3余り，7で割ると5余り，11で割ると7余るもっとも小さい正の整数 x を求めればよい。実際，$x - 271 = 268 + 3 = 266 + 5 = 264 + 7$ と確認できる。

・次の合同式を考える。ただし a と m は互いに素とする。

$\quad aX \equiv b \pmod m \quad \cdots ①$

$a \times a' \equiv 1 \pmod m$ を満たす整数 a' があるとき，①の両辺に a' をかけて

$$a' \times aX \equiv a' \times b \pmod{m}$$

よって，$X \equiv a'b \pmod{m}$ が合同式の解である。

参考② 中国の剰余定理

整数 x が次の連立合同式を満たすとする。

$$\begin{cases} X \equiv a_1 \pmod{m_1} \\ \quad \vdots \\ X \equiv a_r \pmod{m_r} \end{cases}$$

r 個の整数 m_1, m_2, $\cdots$, m_r がどの2つも互いに素のとき，上の連立合同式の解は

$$X \equiv x \pmod{m_1 m_2 \cdots m_r}$$

となる。これを中国の剰余定理という。

問題2．

$$(X \text{の分散}) = E(X^2) - \{E(X)\}^2 = \int x^2 f(x)\,dx - \left\{\int x f(x)\,dx\right\}^2$$

$$= \int_0^5 x^2 \cdot \frac{1}{5}\,dx - \left(\int_0^5 x \cdot \frac{1}{5}\,dx\right)^2 = \frac{1}{5}\left[\frac{1}{3}x^3\right]_0^5 - \left(\frac{1}{5}\left[\frac{1}{2}x^2\right]_0^5\right)^2 = \frac{25}{3} - \left(\frac{5}{2}\right)^2 = \frac{25}{12}$$

（答）　$\dfrac{25}{12}$

問題3．

$A = \begin{pmatrix} 11 & 8 & 5 & 10 \\ 14 & 1 & 4 & 15 \\ 2 & 13 & 16 & 3 \\ 7 & 12 & 9 & 6 \end{pmatrix}$ とし，E を単位行列とすると

$$|A - \lambda E| = \begin{vmatrix} 11-\lambda & 8 & 5 & 10 \\ 14 & 1-\lambda & 4 & 15 \\ 2 & 13 & 16-\lambda & 3 \\ 7 & 12 & 9 & 6-\lambda \end{vmatrix}$$

$$= \begin{vmatrix} 34-\lambda & 34-\lambda & 34-\lambda & 34-\lambda \\ 14 & 1-\lambda & 4 & 15 \\ 2 & 13 & 16-\lambda & 3 \\ 7 & 12 & 9 & 6-\lambda \end{vmatrix}$$ （第2行から第4行までを第1行に加えた）

$$= (34-\lambda)\begin{vmatrix} 1 & 1 & 1 & 1 \\ 14 & 1-\lambda & 4 & 15 \\ 2 & 13 & 16-\lambda & 3 \\ 7 & 12 & 9 & 6-\lambda \end{vmatrix}$$ （第1行から $(34-\lambda)$ をくくり出した）

$$= (34-\lambda)\begin{vmatrix} 1 & 0 & 0 & 0 \\ 14 & -13-\lambda & -10 & 1 \\ 2 & 11 & 14-\lambda & 1 \\ 7 & 5 & 2 & -1-\lambda \end{vmatrix}$$ $\begin{pmatrix} \text{第1列}\times(-1) \text{を第2列に加えた} \\ \text{第1列}\times(-1) \text{を第3列に加えた} \\ \text{第1列}\times(-1) \text{を第4列に加えた} \end{pmatrix}$

$$= (34-\lambda)(-1)^{1+1}\cdot 1 \cdot \begin{vmatrix} -13-\lambda & -10 & 1 \\ 11 & 14-\lambda & 1 \\ 5 & 2 & -1-\lambda \end{vmatrix}$$ （第1行で展開した）

$$= (34-\lambda)\begin{vmatrix} -13-\lambda & -10 & 1 \\ 24+\lambda & 24-\lambda & 0 \\ 5 & 2 & -1-\lambda \end{vmatrix}$$ （第1行×(−1) を第2行に加えた）

$$= (34-\lambda)\begin{vmatrix} 12-\lambda & 0 & -4-5\lambda \\ 24+\lambda & 24-\lambda & 0 \\ 5 & 2 & -1-\lambda \end{vmatrix}$$ （第3行×5 を第1行に加えた）

$= (34-\lambda)\{(12-\lambda)(24-\lambda)(-1-\lambda)+(-4-5\lambda)(24+\lambda)\cdot 2 - (-4-5\lambda)(24-\lambda)\cdot 5\}$
（サラスの方法で計算した）

$= (34-\lambda)\{-(\lambda-12)(\lambda-24)(\lambda+1) - 2(5\lambda+4)(\lambda+24) - 5(5\lambda+4)(\lambda-24)\}$
$= (\lambda-34)\{(\lambda-12)(\lambda-24)(\lambda+1) + 2(5\lambda+4)(\lambda+24) + 5(5\lambda+4)(\lambda-24)\}$
$= (\lambda-34)(\lambda^3 - 35\lambda^2 + 252\lambda + 288 + 10\lambda^2 + 248\lambda + 192 + 25\lambda^2 - 580\lambda - 480)$
$= (\lambda-34)(\lambda^3 - 80\lambda) = (\lambda-34)\lambda(\lambda^2 - 80)$

固有方程式 $|A-\lambda E|=0$ より，$\lambda(\lambda-34)(\lambda^2-80)=0$
これを解いて，$\lambda = 34, 0, \pm 4\sqrt{5}$

（答）　$\lambda = 0, 34, \pm 4\sqrt{5}$

> **参考** 4×4の魔方陣の配列をした行列
>
> 行列 $A = \begin{pmatrix} 11 & 8 & 5 & 10 \\ 14 & 1 & 4 & 15 \\ 2 & 13 & 16 & 3 \\ 7 & 12 & 9 & 6 \end{pmatrix}$ の要素は，実は縦，横，斜めの和がすべて 34 の魔方陣
>
> となっている。

問題4．

① $\dfrac{w - w^{-1}}{2i} = 2$ を変形して

$$w - \dfrac{1}{w} = 4i, \quad w^2 - 1 = 4iw, \quad w^2 - 4iw - 1 = 0$$

となる。これを w の2次方程式として解くと

$$w = 2i \pm \sqrt{(2i)^2 + 1} = 2i \pm \sqrt{-3} = 2i \pm \sqrt{3}\,i = (2 \pm \sqrt{3}\,)i$$

（答）　$w = (2 \pm \sqrt{3}\,)i$

② $\sin z = 2$ より，$w = e^{iz}$ とすると，①より，$w = (2 \pm \sqrt{3}\,)i$

よって，$(2 \pm \sqrt{3}\,)i = e^{iz}$

$z = x + iy$ とすると，実数部分が 0 以上 2π 未満なので

$$0 \leqq x < 2\pi \quad \cdots ㋐$$

また，$e^{i(x+iy)} = e^{ix} \cdot e^{-y} = (2 \pm \sqrt{3}\,)i$ で，$2 \pm \sqrt{3}$ がともに正の値をとるので

$$e^{-y} = |(2 \pm \sqrt{3}\,)i| = 2 \pm \sqrt{3} \quad \cdots ㋑$$

$$x = \arg\{(2 \pm \sqrt{3}\,)i\} = \dfrac{\pi}{2} + 2n\pi \quad (n \text{ は整数})$$

㋐より，$x = \dfrac{\pi}{2}$，㋑より，$y = -\log_e(2 \pm \sqrt{3}\,)$ となる。

以上より，$z = \dfrac{\pi}{2} - i\log_e(2 \pm \sqrt{3}\,)$ が得られる。

（答）　$z = \dfrac{\pi}{2} - i\log_e(2 \pm \sqrt{3}\,)$

第3回 1次：計算技能検定《解答・解説》

> **参考** $\sin z = 2$ であることの確かめ
>
> ・$(2+\sqrt{3})(2-\sqrt{3}) = 1$ より，$\log_e(2+\sqrt{3}) + \log_e(2-\sqrt{3}) = 0$ から
> $$\log_e(2-\sqrt{3}) = -\log_e(2+\sqrt{3})$$
>
> 本問の（答）は，$z = \dfrac{\pi}{2} \pm i\log_e(2+\sqrt{3})$ とも表記できる。
>
> ・$\sin z = \sin\left(\dfrac{\pi}{2} \pm i\log_e(2+\sqrt{3})\right) = 2$ であることを確認する。
>
> $$\sin\left(\dfrac{\pi}{2} \pm i\log_e(2+\sqrt{3})\right)$$
> $$= \sin\dfrac{\pi}{2}\cos\{i\log_e(2+\sqrt{3})\} \pm \cos\dfrac{\pi}{2}\sin\{i\log_e(2+\sqrt{3})\}$$
> $$= \cos\{i\log_e(2+\sqrt{3})\} \quad (= \cosh\{\log_e(2+\sqrt{3})\})$$
>
> $\cos z = \dfrac{e^{iz} + e^{-iz}}{2}$ より
>
> $$\cos\{i\log_e(2+\sqrt{3})\} = \dfrac{e^{i^2\log_e(2+\sqrt{3})} + e^{-i^2\log_e(2+\sqrt{3})}}{2} = \dfrac{e^{\log_e(2+\sqrt{3})} + e^{-\log_e(2+\sqrt{3})}}{2}$$
> $$= \dfrac{2+\sqrt{3} + \dfrac{1}{2+\sqrt{3}}}{2} = \dfrac{2+\sqrt{3} + 2-\sqrt{3}}{2} = 2$$

問題5．

① 外積 $\overrightarrow{OA} \times \overrightarrow{OB}$ の大きさが $\overrightarrow{OA}$，$\overrightarrow{OB}$ の定める平行四辺形の面積なので
$$\overrightarrow{OA} \times \overrightarrow{OB} = (-1,\ 0,\ 2) \times (1,\ -2,\ -1)$$
$$= (0\cdot(-1) - 2\cdot(-2),\ 2\cdot 1 - (-1)\cdot(-1),\ (-1)\cdot(-2) - 0\cdot 1)$$
$$= (4,\ 1,\ 2)$$

よって
$$|\overrightarrow{OA} \times \overrightarrow{OB}| = \sqrt{16+1+4} = \sqrt{21}$$

（答）　$\sqrt{21}$

別解 $\overrightarrow{OA} = (-1, 0, 2)$, $\overrightarrow{OB} = (1, -2, -1)$ より

$$|\overrightarrow{OA}| = \sqrt{1+0+4} = \sqrt{5}, \quad |\overrightarrow{OB}| = \sqrt{1+4+1} = \sqrt{6}$$

$$\overrightarrow{OA} \cdot \overrightarrow{OB} = -1 + 0 - 2 = -3$$

求める平行四辺形の面積は △OAB の面積を 2 倍したものなので

$$\triangle OAB \times 2 = \left(\frac{1}{2}\sqrt{|\overrightarrow{OA}|^2|\overrightarrow{OB}|^2 - (\overrightarrow{OA} \cdot \overrightarrow{OB})^2}\right) \times 2 = \sqrt{5 \cdot 6 - 9} = \sqrt{21}$$

② $(\overrightarrow{OA} \times \overrightarrow{OB}) \cdot \overrightarrow{OC}$ の値の絶対値が $\overrightarrow{OA}$, $\overrightarrow{OB}$, $\overrightarrow{OC}$ の定める平行六面体の体積なので

$$|(\overrightarrow{OA} \times \overrightarrow{OB}) \cdot \overrightarrow{OC}| = |(4, 1, 2) \cdot (2, -1, 3)|$$
$$= |4 \cdot 2 + 1 \cdot (-1) + 2 \cdot 3| = |13| = 13$$

(答) 13

別解 $\overrightarrow{OA} = (-1, 0, 2)$, $\overrightarrow{OB} = (1, -2, -1)$, $\overrightarrow{OC} = (2, -1, 3)$ より，
$\overrightarrow{OA}$, $\overrightarrow{OB}$, $\overrightarrow{OC}$ の定める平行六面体の体積は

$$\begin{vmatrix} -1 & 0 & 2 \\ 1 & -2 & -1 \\ 2 & -1 & 3 \end{vmatrix} = (-1) \cdot (-2) \cdot 3 + 0 \cdot (-1) \cdot 2 + 2 \cdot 1 \cdot (-1)$$
$$- \{(-1) \cdot (-1) \cdot (-1) + 0 \cdot 1 \cdot 3 + 2 \cdot (-2) \cdot 2\}$$
$$= 6 + 0 - 2 - (-1 + 0 - 8) = 13$$

参考 ベクトルの外積

・$\overrightarrow{OA} = (a_1, a_2, a_3)$, $\overrightarrow{OB} = (b_1, b_2, b_3)$ とすると，
外積 $\overrightarrow{OA} \times \overrightarrow{OB} = (a_2 b_3 - a_3 b_2,\ a_3 b_1 - a_1 b_3,\ a_1 b_2 - a_2 b_1)$ であり，
外積 $\overrightarrow{OA} \times \overrightarrow{OB}$ の大きさは，$\overrightarrow{OA}$, $\overrightarrow{OB}$ の定める平行四辺形の面積に等しい。

・次ページの図のように空間ベクトル $\overrightarrow{OA}$, $\overrightarrow{OB}$, $\overrightarrow{OC}$ に対して，$\overrightarrow{OA}$, $\overrightarrow{OB}$, $\overrightarrow{OC}$ の定める平行六面体の体積 V は $(\overrightarrow{OA} \times \overrightarrow{OB}) \cdot \overrightarrow{OC}$ の値の絶対値で与えられる。
$\overrightarrow{OA} = (a_1, a_2, a_3)$, $\overrightarrow{OB} = (b_1, b_2, b_3)$, $\overrightarrow{OC} = (c_1, c_2, c_3)$ とすると

$$(\overrightarrow{OA} \times \overrightarrow{OB}) \cdot \overrightarrow{OC} = (a_2 b_3 - a_3 b_2,\ a_3 b_1 - a_1 b_3,\ a_1 b_2 - a_2 b_1) \cdot (c_1, c_2, c_3)$$
$$= (a_2 b_3 - a_3 b_2)c_1 + (a_3 b_1 - a_1 b_3)c_2 + (a_1 b_2 - a_2 b_1)c_3$$
$$= \begin{vmatrix} a_2 & a_3 \\ b_2 & b_3 \end{vmatrix} c_1 - \begin{vmatrix} a_1 & a_3 \\ b_1 & b_3 \end{vmatrix} c_2 + \begin{vmatrix} a_1 & a_2 \\ b_1 & b_2 \end{vmatrix} c_3$$

$$= \begin{vmatrix} a_1 & a_2 & a_3 \\ b_1 & b_2 & b_3 \\ c_1 & c_2 & c_3 \end{vmatrix}$$

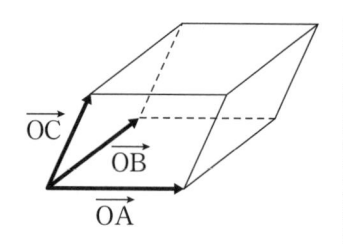

問題6.

$$\lim_{n \to \infty} \sum_{k=1}^{n} \frac{1}{\sqrt{2nk-k^2}} = \lim_{n \to \infty} \sum_{k=1}^{n} \frac{1}{n} \cdot \frac{1}{\sqrt{2\frac{k}{n}-\left(\frac{k}{n}\right)^2}} = \int_0^1 \frac{1}{\sqrt{2x-x^2}} dx$$

$$= \int_0^1 \frac{1}{\sqrt{2x-x^2}} dx = \int_0^1 \frac{1}{\sqrt{-(x-1)^2+1}} dx = \int_0^1 \frac{1}{\sqrt{1-(x-1)^2}} dx$$

$x-1 = \sin\theta \ \left(-\frac{\pi}{2} \leqq \theta \leqq 0\right)$ とおくと

$$(与式)= \int_{-\frac{\pi}{2}}^{0} \frac{1}{\sqrt{1-\sin^2\theta}} \cdot \cos\theta d\theta = \int_{-\frac{\pi}{2}}^{0} \frac{1}{\sqrt{\cos^2\theta}} \cdot \cos\theta d\theta = \int_{-\frac{\pi}{2}}^{0} d\theta = [\theta]_{-\frac{\pi}{2}}^{0} = \frac{\pi}{2}$$

となる。

(答) $\dfrac{\pi}{2}$

参考　極限の求め方

・本問題の和の極限は，区分求積法を用いて以下のように求める。

$$\lim_{n \to \infty} \frac{1}{n} \sum_{k=0}^{n-1} f\left(\frac{k}{n}\right) = \lim_{n \to \infty} \frac{1}{n} \sum_{k=1}^{n} f\left(\frac{k}{n}\right) = \int_0^1 f(x)\,dx$$

・$\int_0^1 \dfrac{1}{\sqrt{1-(x-1)^2}}\,dx$ の計算で，$x-1=t$ とおいて

$$\int_0^1 \frac{1}{\sqrt{1-(x-1)^2}}\,dx = \int_{-1}^{0} \frac{1}{\sqrt{1-t^2}}\,dt = [\sin^{-1} t]_{-1}^{0} = 0 - \sin^{-1}(-1) = \frac{\pi}{2}$$

でもよい。

問題7.

$(2x+y+3)+(2x+y+6)\dfrac{dy}{dx}=0$ より

$$\dfrac{dy}{dx}=-\dfrac{2x+y+3}{2x+y+6} \quad \cdots ① \qquad 2x+y=u \quad \cdots ②$$

として，②の両辺を x で微分すると

$$2+\dfrac{dy}{dx}=\dfrac{du}{dx}, \quad \dfrac{dy}{dx}=\dfrac{du}{dx}-2 \quad \cdots ③$$

①に②，③を代入して

$$\dfrac{du}{dx}-2=-\dfrac{u+3}{u+6}, \quad \dfrac{du}{dx}=\dfrac{u+9}{u+6}, \quad \int\dfrac{u+6}{u+9}du=\int dx, \quad \int\dfrac{u+9-3}{u+9}du=\int dx$$

$$\int\left(1-\dfrac{3}{u+9}\right)du=\int dx, \quad u-3\log_e|u+9|=x+C$$

②より

$$2x+y-3\log_e|2x+y+9|=x+C, \quad \log_e|2x+y+9|=\dfrac{x+y}{3}-\dfrac{C}{3},$$

$$2x+y+9=\pm e^{\frac{x+y}{3}-\frac{C}{3}}, \quad 2x+y+9=A\cdot e^{\frac{x+y}{3}} \quad (\pm e^{-\frac{C}{3}}=A \text{ とした})$$

$x=-3$ のとき $y=3$ なので，$-6+3+9=A\cdot e^{\frac{-3+3}{3}}$ より，$A=6$ と求められる。

よって，$2x+y+9=6e^{\frac{x+y}{3}}$

（答） $2x+y+9=6e^{\frac{x+y}{3}}$

参考 微分方程式の解法

$$\dfrac{dy}{dx}=f\left(\dfrac{Ax+By+C}{Dx+Ey+F}\right) \quad \cdots ㋐$$

この微分方程式は係数 A，B，D，E の値によって，次の2パターンの解き方がある。

（ⅰ）行列 $\begin{vmatrix} A & B \\ D & E \end{vmatrix}$ が正則でない場合（すなわち，$AE-BD=0$）

本問ではこのパターンに相当する。

$\dfrac{A}{D}=\dfrac{B}{E}=k$ とすると，$A=kD$，$B=kE$ から

$$y'=f\left(\dfrac{k(Dx+Ey)+C}{Dx+Ey+F}\right) \quad \cdots ㋑$$

①の右辺のかっこ内の分子・分母において共通に $Dx+Ey$ が見い出せるので，$Dx+Ey=z$ とおいて

$$D + E\frac{dy}{dx} = \frac{dz}{dx}, \quad \frac{dy}{dx} = \frac{1}{E}\left(\frac{dz}{dx} - D\right)$$

を①に代入して

$$\frac{1}{E}\left(\frac{dz}{dx} - D\right) = f\left(\frac{kz+C}{z+F}\right), \quad \frac{dz}{dx} = Ef\left(\frac{kz+C}{z+F}\right) + D$$

$$\int \frac{dz}{Ef\left(\frac{kz+C}{z+F}\right) + D} = \int dx \ (= x+C)$$

と変数分離形として計算できる。

(ⅱ) 正則の場合（すなわち，$AE-BD\neq 0$）

$$\begin{cases} Ax+By+C=0 \\ Dx+Ey+F=0 \end{cases}$$

の解を α, β として（すなわち，$A\alpha+B\beta+C=0, \ D\alpha+E\beta+F=0$）$x=X+\alpha, \ y=Y+\beta$ とおいて，㋐に代入すると

$$\frac{dY}{dX} = \frac{dy}{dx} = f\left(\frac{A(X+\alpha)+B(Y+\beta)+C}{D(X+\alpha)+E(Y+\beta)+F}\right)$$

$$= f\left(\frac{AX+BY+A\alpha+B\beta+C}{DX+EY+D\alpha+E\beta+F}\right) = f\left(\frac{AX+BY}{DX+EY}\right)$$

よって

$$\frac{dY}{dX} = f\left(\frac{A+B\frac{Y}{X}}{D+E\frac{Y}{X}}\right)$$

となって同次形となる。$u=\dfrac{Y}{X}$ とおくと，$Y=Xu, \ \dfrac{dY}{dX}=\dfrac{du}{dX}X+u$ から

$$X\frac{du}{dX} + u = f\left(\frac{A+Bu}{D+Eu}\right), \quad X\frac{du}{dX} = f\left(\frac{A+Bu}{D+Eu}\right) - u$$

すなわち，変数分離形の微分方程式となって

$$\int \frac{dX}{X} = \int \frac{du}{f\left(\frac{A+Bu}{D+Eu}\right) - u}$$

と解ける。

第3回 2次：数理技能検定 《問題》

問題1．（選択）

次の連立代数方程式の実数解は全部で何組ありますか。理由をつけて答えなさい。

$$\begin{cases} x + y^3 + z^3 = 0 \\ x^3 + y + z^3 = 0 \\ x^3 + y^3 + z = 0 \end{cases}$$

問題2．（選択）

Iさんは屋外において，3地点 A，B，C 間の距離を測ったところ，AB，BC，CA 間でそれぞれ 70m，90m，80m でした。Iさんはそれらの測定結果からすぐに ∠CAB の大きさを求めようとしましたが，関数電卓ではなく誤って四則計算しかできない電卓を持っていたことに気づきました。また手元には空白のメモ帳と筆記用具しかありません。

このとき，Iさんはどのようにすれば ∠CAB の大きさを求めることができるでしょうか。円周率を 3.14159 とし，答えは度数法で，四捨五入して1度の位まで求めなさい。

（測定技能）

問題3．（選択）

正四面体 $A_1A_2A_3A_4$ の内部に1点 P をとります。点 P から各面 $A_2A_3A_4$，$A_3A_4A_1$，$A_4A_1A_2$，$A_1A_2A_3$ に垂線を引き，それぞれの面との交点を B_1，B_2，B_3，B_4 とします。次に点 P から6本の辺 A_iA_j ($1 \leq i < j \leq 4$) に垂線を引き，それぞれの辺との交点を C_{ij} とします。これらの点により，もとの正四面体は24個の四面体

$PB_iA_jC_{jk}$ （$i \neq j \neq k \neq i$，$j > k$ のとき C_{jk} を C_{kj} と読み替えます）

に分割されますが，それらを交互に白と黒で塗り分けることができます。

このとき，白の四面体12個の体積の和が黒の四面体12個の体積の和に等しいことを証明しなさい。

（証明技能）

第3回　2次：数理技能検定《問題》

問題4.（選択）

ある検定回の「実用数学技能検定」4級において，受検者43名分の1次：計算技能検定，2次：数理技能検定の点数の相関係数を計算したところ，0.74であることがわかりました。受検者全員の（1次検定の点数，2次検定の点数）が2次元正規分布に従うとするとき，受検者全員の1次検定，2次検定の点数の相関係数 ρ について，次の問いに答えなさい。ただし，解答の際には下の z 変換表および z 逆変換表の数値を用い，さらに平均0，分散1の正規分布に従う確率変数 X において $P(X>1.645)=0.05$，$P(X>1.96)=0.025$ としなさい。

（統計技能）

（1） ρ について信頼度90%における信頼区間を求めなさい。信頼限界は小数第3位を四捨五入して，小数第2位まで求めなさい。

（2） 検定前に，この検定問題の作成担当者は ρ の値がおよそ0.85であろうと予想していました。実際の ρ の値はこの0.85よりも低いと考えてよいでしょうか。上の受検者43名分の相関係数をもとに，有意水準0.05の左側検定を行うことにより，そのことを確かめなさい。

z 変換表：$r \to z = \dfrac{1}{2}\log_e \dfrac{1+r}{1-r}$　（e は自然対数の底を表します）

	0.00	0.01	0.02	0.03	0.04	0.05	0.06	0.07	0.08	0.09
0.6	0.693	0.709	0.725	0.741	0.758	0.775	0.793	0.811	0.829	0.848
0.7	0.867	0.887	0.908	0.929	0.950	0.973	0.996	1.020	1.045	1.071
0.8	1.099	1.127	1.157	1.188	1.221	1.256	1.293	1.333	1.376	1.422
0.9	1.472	1.528	1.589	1.658	1.738	1.832	1.946	2.092	2.298	2.647

z 逆変換表：$z = \dfrac{1}{2}\log_e \dfrac{1+r}{1-r} \to r$

	0.00	0.01	0.02	0.03	0.04	0.05	0.06	0.07	0.08	0.09
0.5	0.4621	0.4699	0.4777	0.4854	0.4930	0.5005	0.5080	0.5154	0.5227	0.5299
0.6	0.5370	0.5441	0.5511	0.5581	0.5649	0.5717	0.5784	0.5850	0.5915	0.5980
0.7	0.6044	0.6107	0.6169	0.6231	0.6291	0.6351	0.6411	0.6469	0.6527	0.6584
0.8	0.6640	0.6696	0.6751	0.6805	0.6858	0.6911	0.6963	0.7014	0.7064	0.7114
0.9	0.7163	0.7211	0.7259	0.7306	0.7352	0.7398	0.7443	0.7487	0.7531	0.7574
1.0	0.7616	0.7658	0.7699	0.7739	0.7779	0.7818	0.7857	0.7895	0.7932	0.7969
1.1	0.8005	0.8041	0.8076	0.8110	0.8144	0.8178	0.8210	0.8243	0.8275	0.8306
1.2	0.8337	0.8367	0.8397	0.8426	0.8455	0.8483	0.8511	0.8538	0.8565	0.8591
1.3	0.8617	0.8643	0.8668	0.8692	0.8717	0.8741	0.8764	0.8787	0.8810	0.8832

問題5．（選択）

次の条件①，②をともに満たす集合 A をすべて求めなさい。

① A は複素数全体から 0 を除いた集合の部分集合で，4 個の異なる要素から構成される。

② A のどの 2 つの要素（同じ要素の場合も含まれる）をとって，それらの積（通常の複素数どうしの積）を計算しても，その結果が必ず A の要素である。

問題6．（必須）

2 つの複素数 $\zeta = e^{\frac{\pi i}{7}}$，$\eta = e^{\frac{2\pi i}{35}}$ （i は虚数単位，e は自然対数の底）について，行列 A を

$$A = \begin{pmatrix} 0 & -\zeta & 0 & 0 \\ \zeta & 0 & 0 & 0 \\ 0 & 0 & 0 & -\eta \\ 0 & 0 & \eta & 0 \end{pmatrix}$$

とするとき，A^n が 4 次単位行列となるような最小の正の整数 n を求めなさい。

問題7．（必須）

xyz 空間内の図形 V に対して，その重心の座標を (x_0, y_0, z_0) とするとき

$$\iiint_V [(x-x_0)^2 + (y-y_0)^2 + (z-z_0)^2] dxdydz \div [3 \times (V\text{の体積})^{1+\frac{2}{3}}]$$

を標準化された 2 次モーメントといいます。このとき次の図形のおのおのについて，標準化された 2 次モーメントを求めなさい。

（1） 立方体

（2） 球

（3） 正八面体

第3回 2次：数理技能検定 《解答・解説》

問題1.

$x = y = z$ のときは $2x^3 + x = 0$ であって，$x = 0$ または $2x^2 + 1 = 0$ である。ここで，後者には実数解はないので，解は $x = y = z = 0$ の1組のみである。

次に $x \neq y$ とすると，第1式と第2式の差から
$$(x - y)(x^2 + xy + y^2 - 1) = 0$$
を得る。$x \neq y$ より，$x^2 + xy + y^2 = 1$ である。

ここでさらに $x \neq z$ ならば，同様に第1式と第3式より
$$x^2 + xz + z^2 = 1$$
を得る。さらに $y \neq z$（x, y, z がすべて相異なる）ならこの両式の差をとって
$$(y - z)(x + y + z) = 0$$
であり，$y \neq z$ から $x + y + z = 0$ を得る。また，与えられた3式を加えると
$$(x + y + z) + 2(x^3 + y^3 + z^3) = 0$$
であるから，$x^3 + y^3 + z^3 = 0$ である。これを第1式，第2式，第3式と比べると
$$x^3 = x, \quad y^3 = y, \quad z^3 = z$$
となり，x, y, z すべてが $t^3 - t = 0$ の解である。この解は $1, 0, -1$ であって，x, y, z がすべて異なるから，これらを置換した計6個の解がある。

$x \neq y$ かつ $y = z$ のときは，第1式と $y = z$ から
$$x = -2y^3$$
これを，$x \neq y$ として得た $x^2 + xy + y^2 = 1$ に代入すると
$$4y^6 - 2y^4 + y^2 - 1 = 0$$
を得る。これは $y^2 = t$ とおくと
$$t^3 - \frac{1}{2}t^2 + \frac{t}{4} - \frac{1}{4} = 0$$
という3次方程式になる。さらに，$s = t - \frac{1}{6}$ とおくと
$$0 = \left(t - \frac{1}{6}\right)^3 - \frac{t}{12} + \frac{1}{216} + \frac{t}{4} - \frac{1}{4} = \left(t - \frac{1}{6}\right)^3 + \frac{1}{6}\left(t - \frac{1}{6}\right) + \frac{1 + 6 - 54}{216}$$
$$= s^3 + \frac{s}{6} - \frac{47}{216}$$

となる。右辺の3次関数は s について単調増加だから，ただ1つの正の解がある。したがって，t についてただ1つの正の解があり，y については正負2個の実数解 $\pm\alpha$ がある。そ

れに対して
$$x = \mp 2\alpha^3, \ y = z = \pm \alpha \quad （複号同順）$$
という2組の実数解ができる。x, y, z について対称だから，これを巡回的に移動した
$$z = x = \pm \alpha, \ y = \mp 2\alpha^3 \quad （複号同順）$$
$$x = y = \pm \alpha, \ z = \mp 2\alpha^3 \quad （複号同順）$$
も解であるから，解は計6個ある。以上より，実数解は全部で
$$1 + 6 + 6 = 13 \ （組）$$
ある。

（答） 13（組）

参考 場合分けのポイント

解 (x, y, z) そのものを求めるのではなく，解の個数を求めることに注意する。
（ⅰ） $x=y=z$ のとき
（ⅱ） x, y, z がすべて相異なるとき
（ⅲ） x, y, z のうち2つが等しい値をもち，残りの1つとは値が異なるとき
と3つの場合に分けて考える。

問題2.

AB：BC：CA＝7：9：8 より
$$\cos \angle \text{CAB} = \frac{7^2 + 8^2 - 9^2}{2 \cdot 7 \cdot 8} = \frac{2}{7}$$
ここで，$f(x) = \cos^{-1} x$ とおく。
$$f'(x) = -(1-x^2)^{-\frac{1}{2}}, \ f''(x) = -x(1-x^2)^{-\frac{3}{2}}, \ f'''(x) = -(1+2x^2)(1-x^2)^{-\frac{5}{2}}$$
$$f^{(4)}(x) = -(9x+6x^3)(1-x^2)^{-\frac{7}{2}}, \ f^{(5)}(x) = -(9+72x^2+24x^4)(1-x^2)^{-\frac{9}{2}}$$
ゆえに，$f(0) = \frac{\pi}{2}, \ f'(0) = -1, \ f''(0) = 0, \ f'''(0) = -1, \ f^{(4)}(0) = 0, \ f^{(5)}(0) = -9$ である。これより，$f(x)$ をマクローリン展開する。
$$f(x) = \frac{\pi}{2} - x - \frac{1}{6}x^3 - \frac{3}{40}x^5 - \cdots \quad (-1 < x < 1 \text{で収束})$$
上の式に $x = \frac{2}{7}$ を代入し，度数法にするため，$\frac{180}{3.14159}$ をかける。

x の項までの値：73.629…

x^3 の項までの値：73.407…

x^5 の項までの値：73.398…

以上より，∠CAB $\doteqdot$ 73° である。

（答） 73°

参考 逆三角関数の導関数

① $\dfrac{d}{dx}\cos^{-1}x = -\dfrac{1}{\sqrt{1-x^2}}$, ② $\dfrac{d}{dx}\sin^{-1}x = \dfrac{1}{\sqrt{1-x^2}}$, ③ $\dfrac{d}{dx}\tan^{-1}x = \dfrac{1}{1+x^2}$

ただし，①，②では，$-1 < x < 1$，③では，$-\infty < x < \infty$

問題3．

たとえば四面体 $PA_2A_3A_4$ について考えれば，高さ PB_1 が共通なので，底面積について

$\triangle B_1A_2C_{23} + \triangle B_1A_3C_{34} + \triangle B_1A_4C_{24} = \triangle B_1A_2C_{24} + \triangle B_1A_3C_{23} + \triangle B_1A_4C_{34}$ …①

を示せばよい（他の面も同じ）。

以下，$A_2A_3A_4$ が反時計回りとして一般性を失わない。この正三角形の面の重心を O_1 とする。

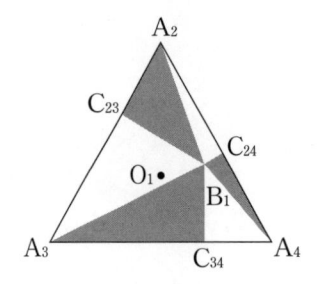

$\triangle B_1A_3C_{34} = \dfrac{1}{2}\left|\overrightarrow{B_1A_3} \times \overrightarrow{B_1C_{34}}\right|$ （外積の大きさ）

$\triangle B_1A_4C_{34} = \dfrac{1}{2}\left|\overrightarrow{B_1A_4} \times \overrightarrow{B_1C_{34}}\right|$

（$\overrightarrow{B_1A_3} \times \overrightarrow{B_1C_{34}}$ と $\overrightarrow{B_1A_4} \times \overrightarrow{B_1C_{34}}$ は向きが逆）などから，①の（左辺）－（右辺）は次のように表される。

$$\frac{1}{2}\left|(\overrightarrow{B_1A_3}+\overrightarrow{B_1A_4})\times\overrightarrow{B_1C_{34}}+(\overrightarrow{B_1A_4}+\overrightarrow{B_1A_2})\times\overrightarrow{B_1C_{24}}+(\overrightarrow{B_1A_2}+\overrightarrow{B_1A_3})\times\overrightarrow{B_1C_{23}}\right|$$
$$\cdots ②$$

ここで
$$\overrightarrow{B_1A_3}+\overrightarrow{B_1A_4}=2\overrightarrow{B_1O_1}+(\overrightarrow{O_1A_3}+\overrightarrow{O_1A_4})$$
だが、$\overrightarrow{O_1A_3}+\overrightarrow{O_1A_4}$ は辺 A_3A_4 に垂直であり、$\overrightarrow{B_1C_{34}}$ と平行だから、$\overrightarrow{B_1C_{34}}$ との外積は $\vec{0}$ である。

第2項、第3項も同様に考えると、②は
$$\left|\overrightarrow{B_1O_1}\times(\overrightarrow{B_1C_{34}}+\overrightarrow{B_1C_{24}}+\overrightarrow{B_1C_{23}})\right| \cdots ③$$
と表される。

ここで③の括弧内の和が $\overrightarrow{B_1O_1}$ と平行であることを示せば、③の外積は $\vec{0}$ で②の値は 0 となり、①の成立が示される。ここで、$\triangle A_2A_3A_4$ の高さを 1 と標準化してもよい。
$\overrightarrow{B_1C_{34}}$, $\overrightarrow{B_1C_{24}}$, $\overrightarrow{B_1C_{23}}$ について
$$\overrightarrow{B_1C_{34}}=-\frac{3}{2}x_1\overrightarrow{O_1A_2},\ \overrightarrow{B_1C_{24}}=-\frac{3}{2}x_2\overrightarrow{O_1A_3},\ \overrightarrow{B_1C_{23}}=-\frac{3}{2}x_3\overrightarrow{O_1A_4}$$
を満たす正の数 x_1, x_2, x_3 がある。これは点 B_1 の各辺からの距離（高さ）を表し、$x_1+x_2+x_3=1$ である。そして、$\triangle B_1A_3A_4 : \triangle B_1A_4A_2 : \triangle B_1A_2A_3 = x_1 : x_2 : x_3$ より
$$x_1\overrightarrow{O_1A_2}+x_2\overrightarrow{O_1A_3}+x_3\overrightarrow{O_1A_4}=\overrightarrow{O_1B_1}$$
である。これから③の括弧内の和は
$$-\frac{3}{2}\overrightarrow{O_1B_1}=\frac{3}{2}\overrightarrow{B_1O_1}$$
となり、$\overrightarrow{B_1O_1}$ と平行である。

これより③、すなわち②の値が 0 であることがわかり、①の成立がいえる。
よって白の四面体 12 個の体積の和は、黒の四面体 12 個の体積の和に等しい。

問題 4.

（1） まず z 変換：$r \to f(r)=\dfrac{1}{2}\log_e\dfrac{1+r}{1-r}$ において、z 変換表より $f(0.74)=0.950$ で
$$\frac{1.645}{\sqrt{43-3}}=0.2600\cdots$$
であることから、$f(r)$ の 90% 信頼区間は
$$0.690\cdots(=0.950-0.2600\cdots) \leqq f(r) \leqq 1.210\cdots(=0.950+0.2600\cdots)$$

ここで，z 逆変換表より
$$f(r_1) = 0.690 \Rightarrow r_1 = 0.5980, \quad f(r_2) = 1.21 \Rightarrow r_2 = 0.8367$$
よって，求める相関係数の信頼区間は，$0.60 \leqq \rho \leqq 0.84$ である。

（答） $0.60 \leqq \rho \leqq 0.84$

（2）帰無仮説 $H_0: \rho = 0.85$，対立仮説 $H_1: \rho < 0.85$ に対し，統計量 T は

$$T = \frac{f(0.74) - f(0.85)}{\sqrt{\dfrac{1}{43-3}}} = (0.950 - 1.256) \times 2\sqrt{10} = -1.9353\cdots < -1.645$$

これより H_0 は棄却できる。よって ρ は 0.85 より低いといえる。

（答） 0.85 より低いといえる

参考 フィッシャーの z 変換

母集団から n 個の2次元データを取り出して相関係数（標本相関係数）を r とすると，n が十分大きいとき，フィッシャーの z 変換 $z = \dfrac{1}{2}\log_e \dfrac{1+r}{1-r}$ により，z は平均 $\dfrac{1}{2}\log_e \dfrac{1+\rho}{1-\rho}$（$\rho$ は母集団の相関係数），分散 $\dfrac{1}{n-3}$ の正規分布で近似できる。

問題5．

条件①より，A の要素で1でないものが存在するので，この1つを z とする。
このとき，条件②から z，z^2，z^3，… はすべて A の要素である。
さらに条件①より，A の要素の個数は有限だから，$z^j = z^k$（$0 < j < k$）を満たす整数 j，k が存在する。このとき，$z^{k-j} = 1$ であることから，これを満たすような $k-j$ のうち，最小の正の整数を N とすると，①の条件より N の値として考えられる値は 2，3，4 のいずれかである。

$N = 2$ のとき，$z^2 = 1$ より $z = -1$

$N = 3$ のとき，$z^3 = 1$ より $z = \dfrac{-1 \pm \sqrt{3}\,i}{2}$

$N = 4$ のとき，$z^4 = 1$ より $z = -1, \pm i$

よって，A の要素の候補は 1 および -1，$\dfrac{-1\pm\sqrt{3}\,i}{2}$，$\pm i$ の計 6 個である。

そこで，$\omega = \dfrac{-1+\sqrt{3}\,i}{2}$ とおき（このとき $\omega^2 = \dfrac{-1-\sqrt{3}\,i}{2}$），次のような乗積表を作成する。

	1	-1	ω	ω^2	i	$-i$
1	1	-1	ω	ω^2	i	$-i$
-1	-1	1	$\times$	$\times$	$-i$	i
ω	ω	$\times$	ω^2	1	$\times$	$\times$
ω^2	ω^2	$\times$	1	ω	$\times$	$\times$
i	i	$-i$	$\times$	$\times$	-1	1
$-i$	$-i$	i	$\times$	$\times$	1	-1

（×印は積の結果が上の 6 個の元のいずれでもないものを表す）

この表より，①，②の条件を両方とも満たすような集合 A は
$$A = \{1,\ -1,\ i,\ -i\}$$
以外には存在しない。

（答）　$A = \{1,\ -1,\ i,\ -i\}$

問題6．

$B = \begin{pmatrix} 0 & -1 \\ 1 & 0 \end{pmatrix}$ とおくと，行列の分割表示を用いて $A = \begin{pmatrix} \zeta B & O \\ O & \eta B \end{pmatrix}$ と表される。ただし，O は 2 次の零行列である。分割された行列の積の性質から，$A^n = \begin{pmatrix} \zeta^n B^n & O \\ O & \eta^n B^n \end{pmatrix}$ である。ここで
$$B = \begin{pmatrix} 0 & -1 \\ 1 & 0 \end{pmatrix},\ B^2 = \begin{pmatrix} -1 & 0 \\ 0 & -1 \end{pmatrix},\ B^3 = \begin{pmatrix} 0 & 1 \\ -1 & 0 \end{pmatrix},\ B^4 = \begin{pmatrix} 1 & 0 \\ 0 & 1 \end{pmatrix}$$
より，A^n が単位行列となるのは

第3回　2次：数理技能検定《解答・解説》

$$\zeta^n = \eta^n = -1, \ B^n = \begin{pmatrix} -1 & 0 \\ 0 & -1 \end{pmatrix} \quad \text{または} \quad \zeta^n = \eta^n = 1, \ B^n = \begin{pmatrix} 1 & 0 \\ 0 & 1 \end{pmatrix}$$

のいずれかの場合であるが，η は複素平面の単位円周上の偏角 $\dfrac{2\pi}{35}$ の点を表すから，n が整数のとき $\eta^n \neq -1$，よって後者の場合のみ考えればよい。

B^n が2次単位行列となる正の整数 n は4の倍数である。

また，ζ は複素平面の単位円周上の偏角 $\dfrac{\pi}{7}$ の点を表すから，$\zeta^n = 1$ となる正の整数 n は14の倍数である。同様に，$\eta^n = 1$ となる正の整数 n は35の倍数である。

ゆえに A^n が単位行列となるような正の整数 n は4，14，35の最小公倍数140である。

（答）　140

（解法アプローチ）

$B = \begin{pmatrix} 0 & -1 \\ 1 & 0 \end{pmatrix} = \begin{pmatrix} \cos\dfrac{\pi}{2} & -\sin\dfrac{\pi}{2} \\ \sin\dfrac{\pi}{2} & \cos\dfrac{\pi}{2} \end{pmatrix}$ は原点まわりの $90°$ 回転を意味するので，B は複素数 $e^{\frac{\pi}{2}i}$ に対応づけられる。

$A^n = \begin{pmatrix} \zeta^n B^n & O \\ O & \eta^n B^n \end{pmatrix}$ より，$\zeta^n B^n = e^{\frac{\pi n i}{7}} \cdot e^{\frac{\pi n i}{2}} = e^{\frac{9\pi n i}{14}}$，$\eta^n B^n = e^{\frac{2\pi n i}{35}} \cdot e^{\frac{\pi n i}{2}} = e^{\frac{39\pi n i}{70}}$ となる。

よって，$A^n = \begin{pmatrix} \zeta^n B^n & O \\ O & \eta^n B^n \end{pmatrix}$ は $\begin{pmatrix} \cos\dfrac{9\pi n}{14} & -\sin\dfrac{9\pi n}{14} & 0 & 0 \\ \sin\dfrac{9\pi n}{14} & \cos\dfrac{9\pi n}{14} & 0 & 0 \\ 0 & 0 & \cos\dfrac{39\pi n}{70} & -\sin\dfrac{39\pi n}{70} \\ 0 & 0 & \sin\dfrac{39\pi n}{70} & \cos\dfrac{39\pi n}{70} \end{pmatrix}$ に対応づけられ，A^n が4次単位行列になるには

$$\sin\frac{9\pi n}{14} = \sin\frac{39\pi n}{70} = 0, \ \cos\frac{9\pi n}{14} = \cos\frac{39\pi n}{70} = 1$$

を満たす最小の正の整数 n は14と70の最小公倍数70から考え，その2倍の140が正解であることがわかる。

問題7.

（1）立方体を $-1 \leqq x \leqq 1$，$-1 \leqq y \leqq 1$，$-1 \leqq z \leqq 1$ にとると，重心は原点であり，積分の部分は

$$\int_{-1}^{1}\int_{-1}^{1}\int_{-1}^{1}(x^2+y^2+z^2)\,dxdydz \quad \cdots(\text{A})$$

となる。第1項の積分は

$$\int_{-1}^{1}x^2\,dx \times 2 \times 2 = \frac{2}{3} \times 4 = \frac{8}{3}$$

で他も同様だから(A)の値は 8 である。
よって，求める値は

$$\frac{8}{3 \times 8 \times 8^{\frac{2}{3}}} = \frac{1}{12}$$

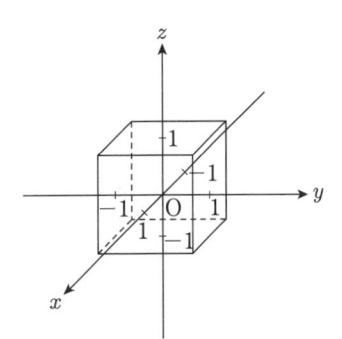

（答）$\dfrac{1}{12}$

（2）球を $x^2+y^2+z^2 \leqq 1$ にとると，重心は原点である。積分の部分を極座標で表すと

$$\int_{r=0}^{1}\int_{\theta=0}^{\pi}\int_{\varphi=0}^{2\pi} r^2 \cdot r^2 \sin\theta\, drd\theta d\varphi = \int_{0}^{1}r^4\,dr \times \int_{0}^{\pi}\sin\theta\,d\theta \times 2\pi = \frac{1}{5} \times 2 \times 2\pi = \frac{4\pi}{5}$$

球の体積は $\dfrac{4\pi}{3}$ だから，求める値は

$$\frac{\dfrac{4\pi}{5}}{3 \cdot \dfrac{4\pi}{3} \cdot \left(\dfrac{4\pi}{3}\right)^{\frac{2}{3}}} = \frac{1}{5}\left(\frac{3}{4\pi}\right)^{\frac{2}{3}}$$

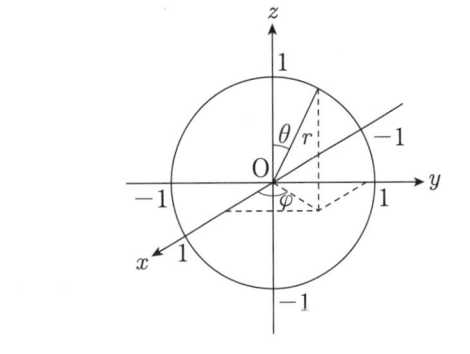

（答）$\dfrac{1}{5}\left(\dfrac{3}{4\pi}\right)^{\frac{2}{3}}$

（3） 正八面体を $|x|+|y|+|z| \leq 1$ にとると，重心は原点であり，6個の頂点の座標は
$$(\pm 1, 0, 0), (0, \pm 1, 0), (0, 0, \pm 1)$$
である。1辺の長さは $\sqrt{2}$ であり，体積は
$$(\sqrt{2})^2 \times 1 \times \frac{1}{3} \times 2 = \frac{4}{3}$$

積分の部分は
$$\iiint_{|x|+|y|+|z| \leq 1} (x^2 + y^2 + z^2) \, dxdydz$$

第1項の積分は
$$\int_{-1}^{1} x^2 \left(\iint_{|y|+|z| \leq 1-|x|} dydz \right) dx$$

に等しいが，（x をとめるごとに）yz 平面において $|y|+|z| \leq 1-|x|$ が表す図形は，1辺が $\sqrt{2}(1-|x|)$ の正方形であるから，この積分は

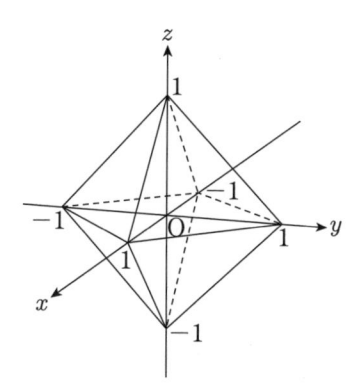

$$\int_{-1}^{1} x^2 \cdot 2(1-|x|)^2 dx = 4\int_0^1 x^2(1-x)^2 dx = 4\left[\frac{x^3}{3} - \frac{x^4}{2} + \frac{x^5}{5}\right]_0^1 = \frac{2}{15}$$

同様に
$$\iiint_{|x|+|y|+|z| \leq 1} y^2 \, dxdydz = \iiint_{|x|+|y|+|z| \leq 1} z^2 \, dxdydz = \frac{2}{15}$$

よって，求める値は

$$\frac{3 \cdot \frac{2}{15}}{3 \cdot \frac{4}{3} \cdot \left(\frac{4}{3}\right)^{\frac{2}{3}}} = \frac{1}{20}\left(\frac{9}{2}\right)^{\frac{1}{3}}$$

（答）　$\dfrac{1}{20}\left(\dfrac{9}{2}\right)^{\frac{1}{3}}$

第4回

- 1次：計算技能検定《問題》　　　……　80
- 1次：計算技能検定《解答・解説》　……　84
- 2次：数理技能検定《問題》　　　……　93
- 2次：数理技能検定《解答・解説》　……　97

第4回 1次：計算技能検定《問題》

問題1.

次の式を係数が整数の範囲で因数分解しなさい。

$$1 - x^2 - y^2 - z^2 + 2xyz - (x-yz)(y-zx) - (y-zx)(z-xy) - (z-xy)(x-yz)$$

問題2.

88～89ページの常用対数表を用いて、次の式の計算結果を上から3けたの概数として

(1.00以上9.99以下の小数)$\times 10^n$

の形で表しなさい。

$$(2.42 \times 10^2) \times (4.27 \times 10^3) \times (8.54 \times 10^1) \times (5.36 \times 10^4)$$

問題3.

次の行列式を計算しなさい。

$$\begin{vmatrix} 3 & 5 & 7 & 11 \\ 11 & 7 & 5 & 3 \\ 7 & 3 & 11 & 5 \\ 5 & 11 & 3 & 7 \end{vmatrix}$$

問題4.

5個の2次元データ

$$(x, y) = (-1, -4),\ (1, -1),\ (2, 3),\ (3, 5),\ (5, 7) \quad \cdots(*)$$

について、次の問いに答えなさい。

① x と y の相関係数を求めなさい。

② N 個のデータ $(X, Y) = (X_1, Y_1), (X_2, Y_2), (X_3, Y_3), \cdots, (X_N, Y_N)$ について、（最小二乗法による）Y の X への回帰直線の式は、X と Y の相関係数を ρ_{XY} とするとき

$$Y - \overline{Y} = \rho_{XY} \cdot \frac{\sigma_Y}{\sigma_X}(X - \overline{X})$$

で与えられます。ただし、$\overline{X}, \overline{Y}$ はそれぞれ X, Y の（相加）平均、σ_X, σ_Y はそれ

ぞれ X, Y の標準偏差を表します。このとき，(*)の5個の2次元データについて，(最小二乗法による) y の x への回帰直線の式を求めなさい。

問題5．

a, b を相異なる正の実数とします。このとき

$$\tan^{-1}\frac{a}{b} + \tan^{-1}\frac{a+b}{a-b} \quad \cdots(*)$$

を考えます。ただし，すべての実数 x において，$-\frac{\pi}{2} < \tan^{-1}x < \frac{\pi}{2}$ であるとします。

このとき，次の問いに答えなさい。

① $a > b$ のとき，(*) の値を求めなさい。
② $a < b$ のとき，(*) の値を求めなさい。

問題6．

次の級数の和を求めなさい。

$$\sum_{n=1}^{\infty}\frac{1}{2^n n}$$

問題7．

xy 平面における領域 $D = \{(x, y) \mid x^2 + y^2 \leqq 2y, x \geqq 0\}$ に対して，次の重積分を計算しなさい。

$$\iint_D xy^2\,dxdy$$

常用対数表（1）

数	0	1	2	3	4	5	6	7	8	9
1.0	.0000	.0043	.0086	.0128	.0170	.0212	.0253	.0294	.0334	.0374
1.1	.0414	.0453	.0492	.0531	.0569	.0607	.0645	.0682	.0719	.0755
1.2	.0792	.0828	.0864	.0899	.0934	.0969	.1004	.1038	.1072	.1106
1.3	.1139	.1173	.1206	.1239	.1271	.1303	.1335	.1367	.1399	.1430
1.4	.1461	.1492	.1523	.1553	.1584	.1614	.1644	.1673	.1703	.1732
1.5	.1761	.1790	.1818	.1847	.1875	.1903	.1931	.1959	.1987	.2014
1.6	.2041	.2068	.2095	.2122	.2148	.2175	.2201	.2227	.2253	.2279
1.7	.2304	.2330	.2355	.2380	.2405	.2430	.2455	.2480	.2504	.2529
1.8	.2553	.2577	.2601	.2625	.2648	.2672	.2695	.2718	.2742	.2765
1.9	.2788	.2810	.2833	.2856	.2878	.2900	.2923	.2945	.2967	.2989
2.0	.3010	.3032	.3054	.3075	.3096	.3118	.3139	.3160	.3181	.3201
2.1	.3222	.3243	.3263	.3284	.3304	.3324	.3345	.3365	.3385	.3404
2.2	.3424	.3444	.3464	.3483	.3502	.3522	.3541	.3560	.3579	.3598
2.3	.3617	.3636	.3655	.3674	.3692	.3711	.3729	.3747	.3766	.3784
2.4	.3802	.3820	.3838	.3856	.3874	.3892	.3909	.3927	.3945	.3962
2.5	.3979	.3997	.4014	.4031	.4048	.4065	.4082	.4099	.4116	.4133
2.6	.4150	.4166	.4183	.4200	.4216	.4232	.4249	.4265	.4281	.4298
2.7	.4314	.4330	.4346	.4362	.4378	.4393	.4409	.4425	.4440	.4456
2.8	.4472	.4487	.4502	.4518	.4533	.4548	.4564	.4579	.4594	.4609
2.9	.4624	.4639	.4654	.4669	.4683	.4698	.4713	.4728	.4742	.4757
3.0	.4771	.4786	.4800	.4814	.4829	.4843	.4857	.4871	.4886	.4900
3.1	.4914	.4928	.4942	.4955	.4969	.4983	.4997	.5011	.5024	.5038
3.2	.5051	.5065	.5079	.5092	.5105	.5119	.5132	.5145	.5159	.5172
3.3	.5185	.5198	.5211	.5224	.5237	.5250	.5263	.5276	.5289	.5302
3.4	.5315	.5328	.5340	.5353	.5366	.5378	.5391	.5403	.5416	.5428
3.5	.5441	.5453	.5465	.5478	.5490	.5502	.5514	.5527	.5539	.5551
3.6	.5563	.5575	.5587	.5599	.5611	.5623	.5635	.5647	.5658	.5670
3.7	.5682	.5694	.5705	.5717	.5729	.5740	.5752	.5763	.5775	.5786
3.8	.5798	.5809	.5821	.5832	.5843	.5855	.5866	.5877	.5888	.5899
3.9	.5911	.5922	.5933	.5944	.5955	.5966	.5977	.5988	.5999	.6010
4.0	.6021	.6031	.6042	.6053	.6064	.6075	.6085	.6096	.6107	.6117
4.1	.6128	.6138	.6149	.6160	.6170	.6180	.6191	.6201	.6212	.6222
4.2	.6232	.6243	.6253	.6263	.6274	.6284	.6294	.6304	.6314	.6325
4.3	.6335	.6345	.6355	.6365	.6375	.6385	.6395	.6405	.6415	.6425
4.4	.6435	.6444	.6454	.6464	.6474	.6484	.6493	.6503	.6513	.6522
4.5	.6532	.6542	.6551	.6561	.6571	.6580	.6590	.6599	.6609	.6618
4.6	.6628	.6637	.6646	.6656	.6665	.6675	.6684	.6693	.6702	.6712
4.7	.6721	.6730	.6739	.6749	.6758	.6767	.6776	.6785	.6794	.6803
4.8	.6812	.6821	.6830	.6839	.6848	.6857	.6866	.6875	.6884	.6893
4.9	.6902	.6911	.6920	.6928	.6937	.6946	.6955	.6964	.6972	.6981
5.0	.6990	.6998	.7007	.7016	.7024	.7033	.7042	.7050	.7059	.7067
5.1	.7076	.7084	.7093	.7101	.7110	.7118	.7126	.7135	.7143	.7152
5.2	.7160	.7168	.7177	.7185	.7193	.7202	.7210	.7218	.7226	.7235
5.3	.7243	.7251	.7259	.7267	.7275	.7284	.7292	.7300	.7308	.7316
5.4	.7324	.7332	.7340	.7348	.7356	.7364	.7372	.7380	.7388	.7396

常用対数表（2）

数	0	1	2	3	4	5	6	7	8	9
5.5	.7404	.7412	.7419	.7427	.7435	.7443	.7451	.7459	.7466	.7474
5.6	.7482	.7490	.7497	.7505	.7513	.7520	.7528	.7536	.7543	.7551
5.7	.7559	.7566	.7574	.7582	.7589	.7597	.7604	.7612	.7619	.7627
5.8	.7634	.7642	.7649	.7657	.7664	.7672	.7679	.7686	.7694	.7701
5.9	.7709	.7716	.7723	.7731	.7738	.7745	.7752	.7760	.7767	.7774
6.0	.7782	.7789	.7796	.7803	.7810	.7818	.7825	.7832	.7839	.7846
6.1	.7853	.7860	.7868	.7875	.7882	.7889	.7896	.7903	.7910	.7917
6.2	.7924	.7931	.7938	.7945	.7952	.7959	.7966	.7973	.7980	.7987
6.3	.7993	.8000	.8007	.8014	.8021	.8028	.8035	.8041	.8048	.8055
6.4	.8062	.8069	.8075	.8082	.8089	.8096	.8102	.8109	.8116	.8122
6.5	.8129	.8136	.8142	.8149	.8156	.8162	.8169	.8176	.8182	.8189
6.6	.8195	.8202	.8209	.8215	.8222	.8228	.8235	.8241	.8248	.8254
6.7	.8261	.8267	.8274	.8280	.8287	.8293	.8299	.8306	.8312	.8319
6.8	.8325	.8331	.8338	.8344	.8351	.8357	.8363	.8370	.8376	.8382
6.9	.8388	.8395	.8401	.8407	.8414	.8420	.8426	.8432	.8439	.8445
7.0	.8451	.8457	.8463	.8470	.8476	.8482	.8488	.8494	.8500	.8506
7.1	.8513	.8519	.8525	.8531	.8537	.8543	.8549	.8555	.8561	.8567
7.2	.8573	.8579	.8585	.8591	.8597	.8603	.8609	.8615	.8621	.8627
7.3	.8633	.8639	.8645	.8651	.8657	.8663	.8669	.8675	.8681	.8686
7.4	.8692	.8698	.8704	.8710	.8716	.8722	.8727	.8733	.8739	.8745
7.5	.8751	.8756	.8762	.8768	.8774	.8779	.8785	.8791	.8797	.8802
7.6	.8808	.8814	.8820	.8825	.8831	.8837	.8842	.8848	.8854	.8859
7.7	.8865	.8871	.8876	.8882	.8887	.8893	.8899	.8904	.8910	.8915
7.8	.8921	.8927	.8932	.8938	.8943	.8949	.8954	.8960	.8965	.8971
7.9	.8976	.8982	.8987	.8993	.8998	.9004	.9009	.9015	.9020	.9025
8.0	.9031	.9036	.9042	.9047	.9053	.9058	.9063	.9069	.9074	.9079
8.1	.9085	.9090	.9096	.9101	.9106	.9112	.9117	.9122	.9128	.9133
8.2	.9138	.9143	.9149	.9154	.9159	.9165	.9170	.9175	.9180	.9186
8.3	.9191	.9196	.9201	.9206	.9212	.9217	.9222	.9227	.9232	.9238
8.4	.9243	.9248	.9253	.9258	.9263	.9269	.9274	.9279	.9284	.9289
8.5	.9294	.9299	.9304	.9309	.9315	.9320	.9325	.9330	.9335	.9340
8.6	.9345	.9350	.9355	.9360	.9365	.9370	.9375	.9380	.9385	.9390
8.7	.9395	.9400	.9405	.9410	.9415	.9420	.9425	.9430	.9435	.9440
8.8	.9445	.9450	.9455	.9460	.9465	.9469	.9474	.9479	.9484	.9489
8.9	.9494	.9499	.9504	.9509	.9513	.9518	.9523	.9528	.9533	.9538
9.0	.9542	.9547	.9552	.9557	.9562	.9566	.9571	.9576	.9581	.9586
9.1	.9590	.9595	.9600	.9605	.9609	.9614	.9619	.9624	.9628	.9633
9.2	.9638	.9643	.9647	.9652	.9657	.9661	.9666	.9671	.9675	.9680
9.3	.9685	.9689	.9694	.9699	.9703	.9708	.9713	.9717	.9722	.9727
9.4	.9731	.9736	.9741	.9745	.9750	.9754	.9759	.9763	.9768	.9773
9.5	.9777	.9782	.9786	.9791	.9795	.9800	.9805	.9809	.9814	.9818
9.6	.9823	.9827	.9832	.9836	.9841	.9845	.9850	.9854	.9859	.9863
9.7	.9868	.9872	.9877	.9881	.9886	.9890	.9894	.9899	.9903	.9908
9.8	.9912	.9917	.9921	.9926	.9930	.9934	.9939	.9943	.9948	.9952
9.9	.9956	.9961	.9965	.9969	.9974	.9978	.9983	.9987	.9991	.9996

第4回 1次：計算技能検定 《解答・解説》

問題1.

展開して，x の項べきの順に並べる。

$$1 - x^2 - y^2 - z^2 + 2xyz - (x-yz)(y-zx) - (y-zx)(z-xy) - (z-xy)(x-yz)$$
$$= 1 - x^2 - y^2 - z^2 + 2xyz - (xy - x^2z - y^2z + xyz^2) - (yz - xy^2 - xz^2 + x^2yz)$$
$$\qquad\qquad\qquad\qquad\qquad - (xz - yz^2 - x^2y + xy^2z)$$
$$= x^2(-yz + y + z - 1) + x(-y^2z + y^2 - yz^2 + 2yz - y + z^2 - z)$$
$$\qquad\qquad\qquad\qquad\qquad + y^2z - y^2 + yz^2 - yz - z^2 + 1$$
$$= x^2\{-y(z-1) + (z-1)\} + x\{(y+z)^2 - yz(y+z) - (y+z)\}$$
$$\qquad\qquad\qquad\qquad\qquad + y^2(z-1) + yz(z-1) - (z^2-1)$$
$$= x^2(z-1)(-y+1) + x(y+z)\{(y+z) - yz - 1\} + (z-1)\{y^2 + yz - (z+1)\}$$
$$= x^2(z-1)(-y+1) + x(y+z)\{-y(z-1) + (z-1)\} + (z-1)\{z(y-1) + y^2 - 1\}$$
$$= -x^2(z-1)(y-1) + x(y+z)(z-1)(-y+1) + (z-1)(y-1)\{z + (y+1)\}$$
$$= -x^2(z-1)(y-1) - x(y+z)(z-1)(y-1) + (z-1)(y-1)(y+z+1)$$
$$= -(z-1)(y-1)\{x^2 + x(y+z) - (y+z+1)\}$$
$$= -(z-1)(y-1)\{x + (y+z+1)\}(x-1)$$
$$= -(x-1)(y-1)(z-1)(x+y+z+1)$$

（答） $-(x-1)(y-1)(z-1)(x+y+z+1)$

別解 基本対称式を考える。

$x + y + z = \phi_1$, $xy + yz + zx = \phi_2$, $xyz = \phi_3$ とおくと

$$1 - x^2 - y^2 - z^2 + 2xyz - (x-yz)(y-zx) - (y-zx)(z-xy) - (z-xy)(x-yz)$$
$$= 1 - (x^2 + y^2 + z^2) + 2xyz - (xy + yz + zx)$$
$$\qquad\qquad\qquad + x^2z + xz^2 + y^2z + yz^2 + y^2x + yx^2 - xyz(x+y+z)$$
$$= 1 - (\phi_1^2 - 2\phi_2) + 2\phi_3 - \phi_2 + (x^2z + xz^2 + y^2z + yz^2 + y^2x + yx^2) - \phi_3\phi_1$$

ここで，$x^2z + xz^2 + y^2z + yz^2 + y^2x + yx^2 = \phi_1\phi_2 - 3\phi_3$ なので

$$\text{（与式）} = 1 - (\phi_1^2 - 2\phi_2) + 2\phi_3 - \phi_2 + (x^2z + xz^2 + y^2z + yz^2 + y^2x + yx^2) - \phi_3\phi_1$$
$$= 1 - (\phi_1^2 - 2\phi_2) + 2\phi_3 - \phi_2 + (\phi_1\phi_2 - 3\phi_3) - \phi_3\phi_1$$
$$= 1 - \phi_1^2 + \phi_2 + \phi_1\phi_2 - \phi_3 - \phi_3\phi_1 = -\{\phi_1^2 + (\phi_3 - \phi_2)\phi_1 + \phi_3 - \phi_2 - 1\}$$
$$= -(\phi_1 + 1)(\phi_1 + \phi_3 - \phi_2 - 1)$$

$$= (x+y+z+1)(1-x-y-z+xy+yz+zx-xyz)$$

ここで
$$1-x-y-z+xy+yz+zx-xyz = (1-x)(1-y)(1-z)$$
であるから，次のように因数分解できる．
$$(与式) = (1-x)(1-y)(1-z)(x+y+z+1)$$

> **参考** **基本対称式**
>
> $x^2z + xz^2 + y^2z + yz^2 + y^2x + yx^2 = \phi_1\phi_2 - 3\phi_3$ の関係式に気づくのは容易ではないが，まず $\phi_1\phi_2$ を計算して
> $$\phi_1\phi_2 = (x+y+z)(xy+yz+zx) = x^2z + xz^2 + y^2z + yz^2 + y^2x + yx^2 + 3xyz$$
> $$= x^2z + xz^2 + y^2z + yz^2 + y^2x + yx^2 + 3\phi_3$$
> から
> $$x^2z + xz^2 + y^2z + yz^2 + y^2x + yx^2 = \phi_1\phi_2 - 3\phi_3$$
> が得られる．

問題2．

$$X = (2.42 \times 10^2) \times (4.27 \times 10^3) \times (8.54 \times 10^1) \times (5.36 \times 10^4)$$

とする。両辺の対数（底は10）をとって常用対数表を使うと，次の値を得る．

$$\begin{aligned}
\log_{10} X &= \log_{10}\{(2.42 \times 10^2) \times (4.27 \times 10^3) \times (8.54 \times 10^1) \times (5.36 \times 10^4)\} \\
&= \log_{10}(2.42 \times 10^2) + \log_{10}(4.27 \times 10^3) + \log_{10}(8.54 \times 10^1) + \log_{10}(5.36 \times 10^4) \\
&= \log_{10} 2.42 + 2 + \log_{10} 4.27 + 3 + \log_{10} 8.54 + 1 + \log_{10} 5.36 + 4 \\
&= 0.3838 + 2 + 0.6304 + 3 + 0.9315 + 1 + 0.7292 + 4 \\
&= 12.6749
\end{aligned}$$

よって，$X = 10^{12.6749} = 10^{12} \times 10^{0.6749}$

常用対数表より，$\log_{10} 4.73 = 0.6749$ なので，$4.73 = 10^{0.6749}$ から

$$X = 4.73 \times 10^{12}$$

と表せる．

（答） 4.73×10^{12}

第4回 1次：計算技能検定《解答・解説》

問題3.

$$\begin{vmatrix} 3 & 5 & 7 & 11 \\ 11 & 7 & 5 & 3 \\ 7 & 3 & 11 & 5 \\ 5 & 11 & 3 & 7 \end{vmatrix} = \begin{vmatrix} 26 & 26 & 26 & 26 \\ 11 & 7 & 5 & 3 \\ 7 & 3 & 11 & 5 \\ 5 & 11 & 3 & 7 \end{vmatrix} \quad (\text{第2行から第4行までを第1行に加えた})$$

$$= 26 \begin{vmatrix} 1 & 1 & 1 & 1 \\ 11 & 7 & 5 & 3 \\ 7 & 3 & 11 & 5 \\ 5 & 11 & 3 & 7 \end{vmatrix} \quad (\text{第1行の26をくくり出した})$$

$$= 26 \begin{vmatrix} 1 & 0 & 0 & 0 \\ 11 & -4 & -6 & -8 \\ 7 & -4 & 4 & -2 \\ 5 & 6 & -2 & 2 \end{vmatrix} \quad \begin{pmatrix} \text{第1列} \times (-1) \text{を第2列に加えた} \\ \text{第1列} \times (-1) \text{を第3列に加えた} \\ \text{第1列} \times (-1) \text{を第4列に加えた} \end{pmatrix}$$

$$= 26 \cdot (-1)^{1+1} \cdot 1 \cdot \begin{vmatrix} -4 & -6 & -8 \\ -4 & 4 & -2 \\ 6 & -2 & 2 \end{vmatrix} \quad (\text{第1行で展開した})$$

$$= 26 \begin{vmatrix} -4 & -6 & -8 \\ 0 & 10 & 6 \\ 0 & -11 & -10 \end{vmatrix} \quad \begin{pmatrix} \text{第1行} \times (-1) \text{を第2行に加えた} \\ \text{第1行} \times \frac{3}{2} \text{を第3行に加えた} \end{pmatrix}$$

$$= 26 \cdot (-1)^{1+1} \cdot (-4) \cdot \begin{vmatrix} 10 & 6 \\ -11 & -10 \end{vmatrix} \quad (\text{第1列で展開した})$$

$$= -104 \cdot \{10 \cdot (-10) - 6 \cdot (-11)\} \quad (\text{サラスの方法で計算した})$$

$$= 3536$$

(答) 3536

問題4.

x	y	$x-\overline{x}$	$y-\overline{y}$	$(x-\overline{x})^2$	$(y-\overline{y})^2$	$(x-\overline{x})(y-\overline{y})$
-1	-4	-3	-6	9	36	18
1	-1	-1	-3	1	9	3
2	3	0	1	0	1	0
3	5	1	3	1	9	3
5	7	3	5	9	25	15
合計	10	10	0	0	20	80	39
平均	2	2	0	0	4	16	7.8

① 表より，x と y の相関係数は，$\overline{x}=\overline{y}=\dfrac{10}{5}=2$，

分散 $\sigma_x^2 = \dfrac{1}{5}\sum_{i=1}^{5}(x_i-\overline{x})^2 = \dfrac{20}{5} = 4$，$\sigma_y^2 = \dfrac{1}{5}\sum_{i=1}^{5}(y_i-\overline{y})^2 = \dfrac{80}{5} = 16$

共分散 $\sigma_{xy} = \dfrac{1}{5}\sum_{i=1}^{5}(x_i-\overline{x})(y_i-\overline{y}) = \dfrac{39}{5} = 7.8$

よって，相関係数は

$$\rho_{xy} = \dfrac{\sigma_{xy}}{\sigma_x \sigma_y} = \dfrac{7.8}{\sqrt{4}\sqrt{16}} = \dfrac{7.8}{2\times 4} = 0.975$$

（答）　$0.975\left(=\dfrac{39}{40}\right)$

② 問題①の x を X，y を Y として考える。

表より，$\overline{X}=2$，$\overline{Y}=2$，$\sigma_X=\sqrt{4}=2$，$\sigma_Y=\sqrt{16}=4$
問題①より，$\rho_{XY}=0.975$

$Y-\overline{Y} = \rho_{XY} \cdot \dfrac{\sigma_Y}{\sigma_X}(X-\overline{X})$ にこれらを代入して

$Y-2 = 0.975 \cdot \dfrac{4}{2}(X-2)$

$Y = 1.95X - 1.9$

（答）　$y = 1.95x - 1.9 \left(=\dfrac{39}{20}x - \dfrac{19}{10}\right)$

第4回 1次：計算技能検定《解答・解説》

問題5．

$\tan^{-1}\dfrac{a}{b} = A$, $\tan^{-1}\dfrac{a+b}{a-b} = B$ とすると，$\tan A = \dfrac{a}{b}$, $\tan B = \dfrac{a+b}{a-b}$ から

$$\tan(A+B) = \dfrac{\tan A + \tan B}{1 - \tan A \tan B} = \dfrac{\dfrac{a}{b} + \dfrac{a+b}{a-b}}{1 - \dfrac{a}{b} \cdot \dfrac{a+b}{a-b}} = \dfrac{a(a-b) + b(a+b)}{b(a-b) - a(a+b)}$$

$$= \dfrac{a^2 + b^2}{-(a^2 + b^2)} = -1$$

すべての実数 x において，$-\dfrac{\pi}{2} < \tan^{-1} x < \dfrac{\pi}{2}$ が成り立つので

$$-\dfrac{\pi}{2} < A < \dfrac{\pi}{2}, \quad -\dfrac{\pi}{2} < B < \dfrac{\pi}{2}$$

よって，$-\pi < A + B < \pi$ …Ⓐ

$\tan(A+B) = -1$ から，Ⓐの範囲では $A + B = -\dfrac{\pi}{4}, \dfrac{3}{4}\pi$ が考えられる。

① $a > b$ のとき

$a > 0$, $b > 0$ なので，$\dfrac{a}{b} > 1$, $\dfrac{a+b}{a-b} = 1 + \dfrac{2b}{a-b} > 1$

$A = \tan^{-1}\dfrac{a}{b} > \tan^{-1} 1 = \dfrac{\pi}{4}$, $B = \tan^{-1}\dfrac{a+b}{a-b} > \tan^{-1} 1 = \dfrac{\pi}{4}$ から

$$\dfrac{\pi}{4} < A < \dfrac{\pi}{2}, \quad \dfrac{\pi}{4} < B < \dfrac{\pi}{2}$$

よって，$\dfrac{\pi}{2} < A + B < \pi$ となる。

$\tan(A+B) = -1$ より，$A + B = \dfrac{3}{4}\pi$ が求める解である。

（答）$\dfrac{3}{4}\pi$

───────

② $a < b$ のとき

$a > 0$, $b > 0$ なので，$0 < \dfrac{a}{b} < 1$, $\dfrac{a+b}{a-b} = -1 - \dfrac{2a}{b-a} < -1$

$A = \tan^{-1}\dfrac{a}{b} < \tan^{-1}1 = \dfrac{\pi}{4}$, $B = \tan^{-1}\dfrac{a+b}{a-b} < \tan^{-1}(-1) = -\dfrac{\pi}{4}$ から

$$0 < A < \dfrac{\pi}{4}, \quad -\dfrac{\pi}{2} < B < -\dfrac{\pi}{4}$$

よって，$-\dfrac{\pi}{2} < A + B < 0$ となる。

$\tan(A+B) = -1$ より，$A + B = -\dfrac{\pi}{4}$ が求める解である。

(答) $-\dfrac{\pi}{4}$

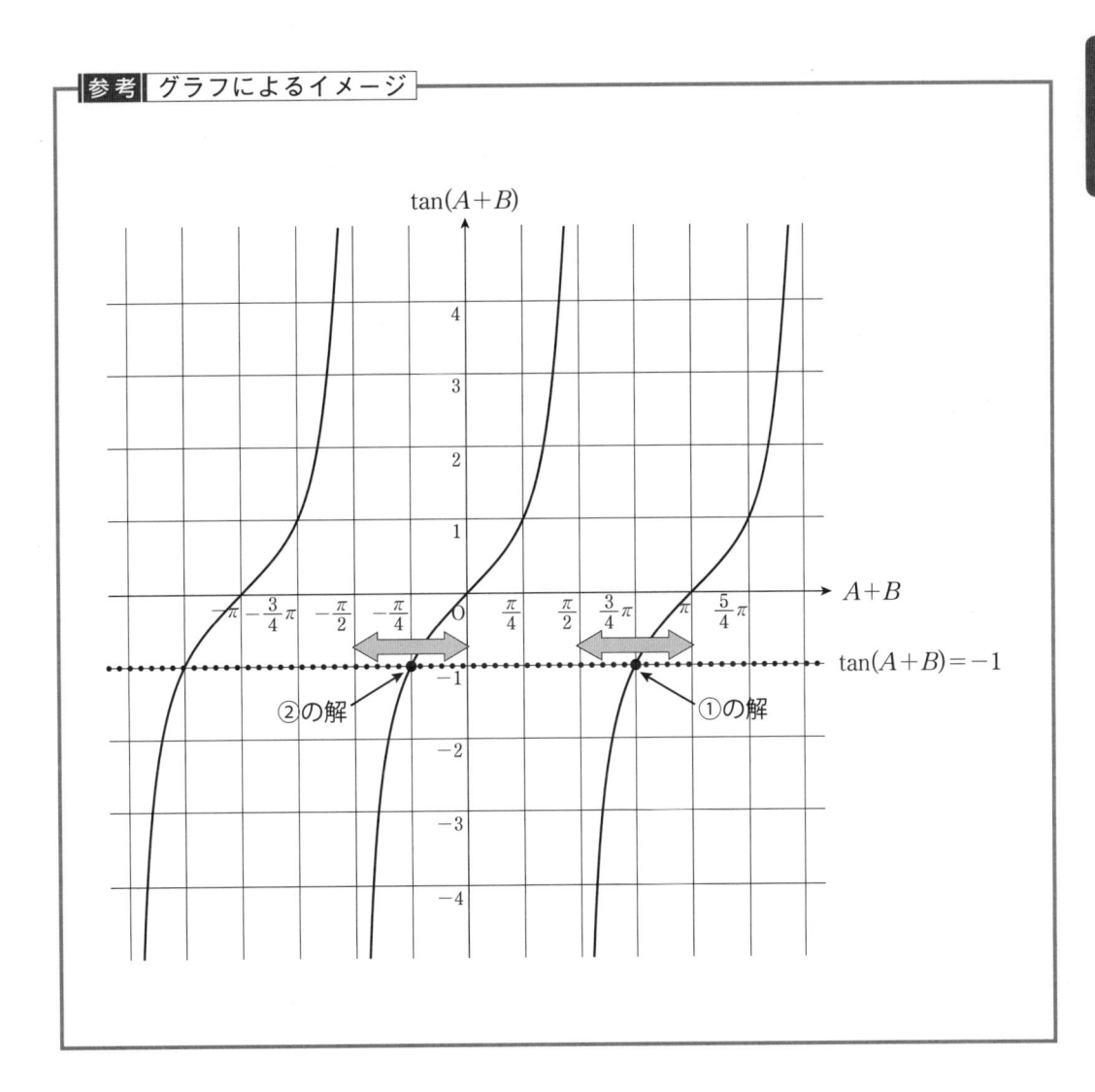

参考 グラフによるイメージ

第4回 1次：計算技能検定《解答・解説》

問題6.

$$f(x) = \sum_{n=1}^{\infty} \frac{1}{2^n n} x^n \quad \cdots ①$$

とおくと，$f(x)$ は収束半径が 2 のべき級数である。
$-2 < x < 2$ において

$$f'(x) = \sum_{n=1}^{\infty} \frac{1}{2^n} x^{n-1} = \frac{1}{2} \sum_{n=1}^{\infty} \frac{1}{2^{n-1}} x^{n-1} = \frac{1}{2} \sum_{n=1}^{\infty} \left(\frac{x}{2}\right)^{n-1} = \frac{1}{2} \cdot \frac{1}{1-\frac{x}{2}} = \frac{1}{2-x}$$

よって，$f'(x) = \dfrac{1}{2-x}$ の両辺を x で積分して

$$f(x) = \int \frac{1}{2-x} dx = -\log_e(2-x) + C \quad (C は積分定数)$$

①より，$f(0) = 0$ なので

$$-\log_e 2 + C = 0, \quad C = \log_e 2$$

よって

$$f(x) = -\log_e(2-x) + \log_e 2$$

①より，$f(1) = \displaystyle\sum_{n=1}^{\infty} \frac{1}{2^n n}$ であるので，$f(1)$ が求める級数の和で

$$f(1) = -\log_e(2-1) + \log_e 2 = \log_e 2$$

である。

(答) $\log_e 2$ （e は自然対数の底）

参考　整級数の収束半径

整級数 $\displaystyle\sum_{n=1}^{\infty} a_n x^n$ で，収束半径 R は，$\dfrac{1}{R} = \displaystyle\lim_{n \to \infty} \left|\dfrac{a_{n+1}}{a_n}\right|$ で求められる。

本問では，$a_n = \dfrac{1}{2^n n}$ から

$$\frac{1}{R} = \lim_{n \to \infty} \left| \frac{\frac{1}{2^{n+1}(n+1)}}{\frac{1}{2^n n}} \right| = \lim_{n \to \infty} \left| \frac{2^n n}{2^{n+1}(n+1)} \right| = \lim_{n \to \infty} \frac{1}{2\left(1+\frac{1}{n}\right)} = \frac{1}{2}$$

よって，$R = 2$ である。

問題7.

$x^2 + y^2 \leqq 2y$ より，$x^2 + (y-1)^2 \leqq 1$
$y - 1 = z$ とすると
$\quad x^2 + z^2 \leqq 1$
となるので，xz 平面の領域 D' は
$\quad x^2 + z^2 \leqq 1, \quad x \geqq 0$
となる。

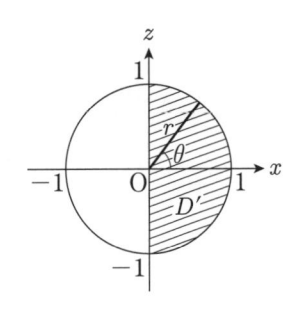

$\begin{cases} x = r\cos\theta \\ z = r\sin\theta \end{cases}$ とすると，$0 \leqq r \leqq 1$，$-\dfrac{\pi}{2} \leqq \theta \leqq \dfrac{\pi}{2}$

よって

$$\iint_D xy^2\,dxdy = \iint_{D'} x(z+1)^2\,dxdz = \int_0^1 \int_{-\frac{\pi}{2}}^{\frac{\pi}{2}} r\cos\theta \cdot (r\sin\theta + 1)^2\,r\,d\theta dr$$

$$= \int_0^1 \int_{-\frac{\pi}{2}}^{\frac{\pi}{2}} r\cos\theta \cdot (r^2\sin^2\theta + 2r\sin\theta + 1)\,r\,d\theta dr$$

$$= \int_0^1 \left\{ \int_{-\frac{\pi}{2}}^{\frac{\pi}{2}} (r^4 \sin^2\theta \cos\theta + 2r^3 \sin\theta\cos\theta + r^2\cos\theta)\,d\theta \right\} dr$$

ここで，$\{\ \}$の積分を最初に計算する。

$$\int_{-\frac{\pi}{2}}^{\frac{\pi}{2}} r^4 \sin^2\theta\cos\theta\,d\theta = r^4 \int_{-1}^{1} t^2\,dt = \frac{2}{3}r^4 \quad (\text{なお，}\sin\theta = t\text{ とおいた})$$

$$\int_{-\frac{\pi}{2}}^{\frac{\pi}{2}} 2r^3 \sin\theta\cos\theta\,d\theta = r^3 \int_{-\frac{\pi}{2}}^{\frac{\pi}{2}} \sin 2\theta\,d\theta = r^3 \left[-\frac{\cos 2\theta}{2} \right]_{-\frac{\pi}{2}}^{\frac{\pi}{2}} = 0$$

$$\int_{-\frac{\pi}{2}}^{\frac{\pi}{2}} r^2 \cos\theta\,d\theta = 2r^2$$

から

$$\iint_D xy^2\,dxdy = \int_0^1 \left(\frac{2}{3}r^4 + 2r^2 \right) dr = \left[\frac{2}{15}r^5 + \frac{2}{3}r^3 \right]_0^1 = \frac{4}{5}$$

(答) $\dfrac{4}{5}$

第4回　1次：計算技能検定《解答・解説》

別解　領域 D は下図の斜線部分で，$0 \leqq x \leqq \sqrt{2y-y^2}$，$0 \leqq y \leqq 2$ から

$$\iint_D xy^2\,dxdy = \int_0^2 \left\{ \int_0^{\sqrt{2y-y^2}} xy^2\,dx \right\} dy$$

である。ここで

$$\int_0^{\sqrt{2y-y^2}} xy^2\,dx = \left[\frac{y^2}{2}x^2 \right]_{x=0}^{x=\sqrt{2y-y^2}} = \frac{y^2(2y-y^2)}{2} = \frac{2y^3-y^4}{2}$$

であるから

$$\iint_D xy^2\,dxdy = \frac{1}{2}\int_0^2 (2y^3-y^4)\,dy = \frac{1}{2}\left[\frac{y^4}{2} - \frac{y^5}{5} \right]_0^2 = \frac{1}{2}\left(8 - \frac{32}{5} \right) = \frac{4}{5}$$

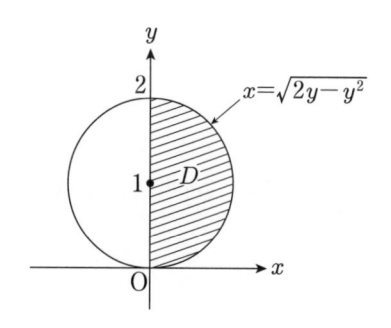

第4回 2次：数理技能検定 《問題》

問題1．（選択）

2以上の整数 m に対して，m と互いに素な m 以下の正の整数全体の集合を

$$S = \{m_1, m_2, m_3, \cdots, m_r\}$$

とします。このとき，S の任意の要素 n に対し，ある m_j $(1 \leq j \leq r)$ があって，nm_j は m で割ると1余ることを証明しなさい。 （証明技能）

問題2．（選択）

e を自然対数の底，i を虚数単位とし，すべての複素数 z に対し

$$e^z = \sum_{n=0}^{\infty} \frac{1}{n!} z^n, \quad \sin z = \frac{e^{iz} - e^{-iz}}{2i}, \quad \cos z = \frac{e^{iz} + e^{-iz}}{2}$$

と定義します。また，$\cos z \neq 0$ を満たす複素数 z に対し

$$\tan z = \frac{\sin z}{\cos z}$$

と定義します。このとき，z を複素数とする方程式

$$\tan z + az = 0 \quad (a \text{ は正の定数})$$

は無限個の解をもち，それらはすべて実数であることを証明しなさい。 （証明技能）

問題3．（選択）

$\triangle ABC$ において，$a = BC$，$b = CA$，$c = AB$ とするとき，次の問いに答えなさい。

（1）$\triangle ABC$ の内部の点 P で，$a\mathrm{AP}^2 + b\mathrm{BP}^2 + c\mathrm{CP}^2$ の値を最小にするのはどのような点ですか。理由をつけて答えなさい。

（2）（1）における $a\mathrm{AP}^2 + b\mathrm{BP}^2 + c\mathrm{CP}^2$ の最小値を求めなさい。

第4回　2次：数理技能検定《問題》

問題4．（選択）

D社で，あるお菓子を作る機械を開発し，そのサンプルとして10個作成して重さを量ったところ，次の結果を得ました。

　　20.47,　19.96,　20.63,　20.38,　19.76
　　20.45,　19.58,　20.58,　19.97,　20.22　（単位はg）

これら10個の重さの（標本）平均は20.20gです。これについて，102ページのt分布表の値を用いて，次の問いに答えなさい。

（1）　この機械で作成されたお菓子の重さの（母）平均μについて，信頼度95%の信頼区間を求めなさい。ただし，信頼限界の値は小数第3位を四捨五入して，小数第2位まで求めるものとします。

（2）　この機械で作成されたお菓子は平均20gになるように設計しています。上のデータから，実際の（母）平均μは20gより重いといえるでしょうか。有意水準0.05の右片側検定を行いなさい。

問題5．（選択）

Nさんは $\sqrt[3]{\dfrac{1}{2}+\dfrac{1}{6}\sqrt{\dfrac{23}{3}}}+\sqrt[3]{\dfrac{1}{2}-\dfrac{1}{6}\sqrt{\dfrac{23}{3}}}$ （これをプラスチック数といいます）の近似値を求めようとしましたが，関数電卓ではなく誤って四則演算しかできない電卓を持っていたことに気づきました。また，手元には空白のメモ帳と筆記用具しかありません。このとき，どのようにすれば近似値を求めることができるでしょうか。その手順を示し，近似値を小数第5位を四捨五入して，小数第4位まで求めなさい。

問題6．（必須）

3次正方行列 $A = \begin{pmatrix} 1 & 2i & 2 \\ -2i & -3 & 2i \\ 2 & -2i & 1 \end{pmatrix}$ について，次の問いに答えなさい。ただし，i は虚数単位を表します。

（1） A の固有値はすべて実数です（このことは証明しなくてもかまいません）。これらをすべて求めなさい。

（2） 成分が複素数である n 次正方行列 M に対し，その転置行列の複素共役行列を M^* とします。ここで，$MM^* = M^*M = I$（I は n 次単位行列）が成り立つとき，M をユニタリー行列といいます。（1）で求めた A の固有値をそれぞれ $\lambda_1, \lambda_2, \lambda_3$ $(\lambda_1 \leqq \lambda_2 \leqq \lambda_3)$ とするとき

$$P^{-1}AP = \begin{pmatrix} \lambda_1 & 0 & 0 \\ 0 & \lambda_2 & 0 \\ 0 & 0 & \lambda_3 \end{pmatrix}$$

を満たすユニタリー行列 P は存在するでしょうか。存在するならば，その行列 P を求めなさい。存在しないならば，そのことを証明しなさい。

問題7．（必須）

$x \geqq 0$ において定義されたなめらかな曲線 $y = f(x)$（ただし，$f(x) > 0$ で定数でない）があり，$f(0) = 1$ を満たしています。定数 $a \geqq 0$ に対し，曲線の $0 \leqq x \leqq a$ の部分，x 軸，y 軸および直線 $x = a$ で囲まれた部分の面積を $S(a)$ とします。また，曲線の $0 \leqq x \leqq a$ の部分の長さを $l(a)$ とします。

この曲線があらゆる $a \geqq 0$ に対して $S(a) = l(a)$ を満たすとき，$f(x)$ を求めなさい。

第4回　2次：数理技能検定《問題》

t 分布表（下の表は自由度 n の t 分布における上側 α 点の値を表します）

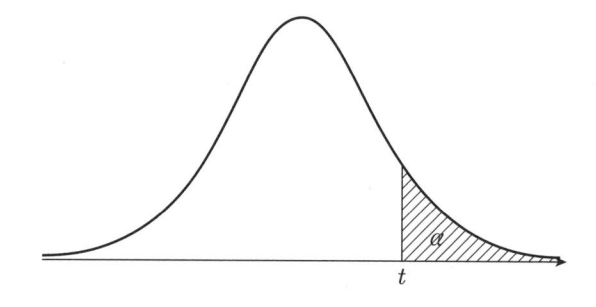

t 分布表

n \ α	0.20	0.10	0.05	0.025	0.010	0.005	0.001	0.0005
1	1.376	3.078	6.314	12.706	31.821	63.657	318.309	636.619
2	1.061	1.886	2.920	4.303	6.965	9.925	22.327	31.599
3	0.978	1.638	2.353	3.182	4.541	5.841	10.215	12.924
4	0.941	1.533	2.132	2.776	3.747	4.604	7.173	8.610
5	0.920	1.476	2.015	2.571	3.365	4.032	5.893	6.869
6	0.906	1.440	1.943	2.447	3.143	3.707	5.208	5.959
7	0.896	1.415	1.895	2.365	2.998	3.499	4.785	5.408
8	0.889	1.397	1.860	2.306	2.896	3.355	4.501	5.041
9	0.883	1.383	1.833	2.262	2.821	3.250	4.297	4.781
10	0.879	1.372	1.812	2.228	2.764	3.169	4.144	4.587
11	0.876	1.363	1.796	2.201	2.718	3.106	4.025	4.437
12	0.873	1.356	1.782	2.179	2.681	3.055	3.930	4.318
13	0.870	1.350	1.771	2.160	2.650	3.012	3.852	4.221
14	0.868	1.345	1.761	2.145	2.624	2.977	3.787	4.140
15	0.866	1.341	1.753	2.131	2.602	2.947	3.733	4.073
16	0.865	1.337	1.746	2.120	2.583	2.921	3.686	4.015
17	0.863	1.333	1.740	2.110	2.567	2.898	3.646	3.965
18	0.862	1.330	1.734	2.101	2.552	2.878	3.610	3.922
19	0.861	1.328	1.729	2.093	2.539	2.861	3.579	3.883
20	0.860	1.325	1.725	2.086	2.528	2.845	3.552	3.850
21	0.859	1.323	1.721	2.080	2.518	2.831	3.527	3.819
22	0.858	1.321	1.717	2.074	2.508	2.819	3.505	3.792
23	0.858	1.319	1.714	2.069	2.500	2.807	3.485	3.768
24	0.857	1.318	1.711	2.064	2.492	2.797	3.467	3.745
25	0.856	1.316	1.708	2.060	2.485	2.787	3.450	3.725
26	0.856	1.315	1.706	2.056	2.479	2.779	3.435	3.707
27	0.855	1.314	1.703	2.052	2.473	2.771	3.421	3.690
28	0.855	1.313	1.701	2.048	2.467	2.763	3.408	3.674
29	0.854	1.311	1.699	2.045	2.462	2.756	3.396	3.659
30	0.854	1.310	1.697	2.042	2.457	2.750	3.385	3.646
40	0.851	1.303	1.684	2.021	2.423	2.704	3.307	3.551
60	0.848	1.296	1.671	2.000	2.390	2.660	3.232	3.460
120	0.845	1.289	1.658	1.980	2.358	2.617	3.160	3.373
∞	0.842	1.282	1.645	1.960	2.326	2.576	3.090	3.291

第4回 2次：数理技能検定
《解答・解説》

問題1.

nm_1, nm_2, nm_3, $\cdots$, nm_r をそれぞれ m で割った余りを考える。

n と m_i ($1 \leq i \leq r$) はどちらも m と互いに素であるから，これらの余りは 0 にならない。

つまり，余りはいずれも 1 以上 $m-1$ 以下である。

ここでまず，$k \neq l$ のとき，nm_k と nm_l をそれぞれ m で割った余りが異なることを示す。

nm_k, nm_l をそれぞれ m で割った余りが等しいとすると

$$nm_k - nm_l = n(m_k - m_l)$$

は m の倍数となる。n と m は互いに素であるから，$m_k - m_l$ が m の倍数でなければならないが，これは $0 < |m_k - m_l| < m$ に反する。

よって，nm_k と nm_l をそれぞれ m で割った余りは異なる。

次に nm_1, nm_2, nm_3, $\cdots$, nm_r を m で割った余り全体の集合を T とすると，T の要素はすべて m と互いに素である。実際，T の要素で m と互いに素でないものがあれば，n, m_i ($1 \leq i \leq r$) が m と互いに素であることに反するからである。

よって T は S と一致し，S は要素 1 を含むのは明らかである。すなわち，nm_j を m で割ると余りが 1 となるような m_j ($1 \leq j \leq r$) が存在する。

参考 $m=3, 4, 5$ のときの確かめ

$m=3, 4, 5$ の場合，結果を確認してみる。

◎ $m=3$ の場合は $S=\{1, 2\}$ となる。
$$\begin{cases} n=1 \text{のとき}, \{nm_j\}=\{1, 2\} \Rightarrow 1 \text{を} m=3 \text{で割ると} 1 \text{余る} \\ n=2 \text{のとき}, \{nm_j\}=\{2, 4\} \Rightarrow 4 \text{を} m=3 \text{で割ると} 1 \text{余る} \end{cases}$$

◎ $m=4$ の場合は $S=\{1, 3\}$ となる。
$$\begin{cases} n=1 \text{のとき}, \{nm_j\}=\{1, 3\} \Rightarrow 1 \text{を} m=4 \text{で割ると} 1 \text{余る} \\ n=3 \text{のとき}, \{nm_j\}=\{3, 9\} \Rightarrow 9 \text{を} m=4 \text{で割ると} 1 \text{余る} \end{cases}$$

◎ $m=5$ の場合は $S=\{1, 2, 3, 4\}$ となる。
$$\begin{cases} n=1 \text{のとき}, \{nm_j\}=\{1, 2, 3, 4\} \Rightarrow 1 \text{を} m=5 \text{で割ると} 1 \text{余る} \\ n=2 \text{のとき}, \{nm_j\}=\{2, 4, 6, 8\} \Rightarrow 6 \text{を} m=5 \text{で割ると} 1 \text{余る} \\ n=3 \text{のとき}, \{nm_j\}=\{3, 6, 9, 12\} \Rightarrow 6 \text{を} m=5 \text{で割ると} 1 \text{余る} \\ n=4 \text{のとき}, \{nm_j\}=\{4, 8, 12, 16\} \Rightarrow 16 \text{を} m=5 \text{で割ると} 1 \text{余る} \end{cases}$$

問題２．

複素数 z に関する方程式
$$\tan z + az = 0 \quad (\text{ただし，} a > 0) \quad \cdots ①$$
について考える。

z が実数のとき，整数 n について
$$\left(n - \frac{1}{2}\right)\pi < z < \left(n + \frac{1}{2}\right)\pi$$
の範囲で $\tan z$ は $-\infty$ から ∞ まで単調に増加して，その間で $y = \tan z$ のグラフは直線 $y = -az$ と１点で交わる。したがって，この各区間に１個ずつ①の解があり，全体として無限個の解がある。

次に，①が解 $z = x + iy$ (x, y は実数で $y \neq 0$) をもつとして矛盾を導く。

①に $z = x + iy$ を代入して変形すると
$$\frac{e^{i(x+iy)} - e^{-i(x+iy)}}{2i} + \frac{az(e^{i(x+iy)} + e^{-i(x+iy)})}{2} = 0$$

両辺に $2i$ をかけると
$$(e^{ix}e^{-y} - e^{-ix}e^{y}) + iaz(e^{ix}e^{-y} + e^{-ix}e^{y}) = 0$$

さらに両辺に $e^{-y}e^{-ix}$ をかけて
$$e^{-2y} - e^{-2ix} + iaz(e^{-2y} + e^{-2ix}) = 0$$
$$(1 + iaz)e^{-2y} = (1 - iaz)e^{-2ix}$$

$1 + iaz = 0$ のとき，この等式は成立しないので
$$e^{-2y} = \frac{1 - iaz}{1 + iaz} e^{-2ix}$$

絶対値をとると
$$e^{-2y} = \left|\frac{1 - iaz}{1 + iaz}\right| = \left|\frac{i + az}{i - az}\right| \quad \cdots ②$$

$y > 0$ のとき，(②の左辺) < 1 である。一方
  (②の右辺) $= (az$ から $-i$ までの距離$) \div (az$ から i までの距離$)$

$y > 0$, $a > 0$ より az は上半平面上にあるので，②の右辺は１より大きい。よって，②は成立しない。

$y < 0$ のときは，az が下半平面上にあるので
  (②の左辺) > 1，(②の右辺) < 1

となり，やはり②は成立しない。

以上より，①は無限個の実数解をもつが，虚数解をもたないことが示された。

|参考| $\tan z + az = 0$ $(a>0)$ で，$z=x$ が実数のときのグラフ

・で示す解は無限個あることがわかる。

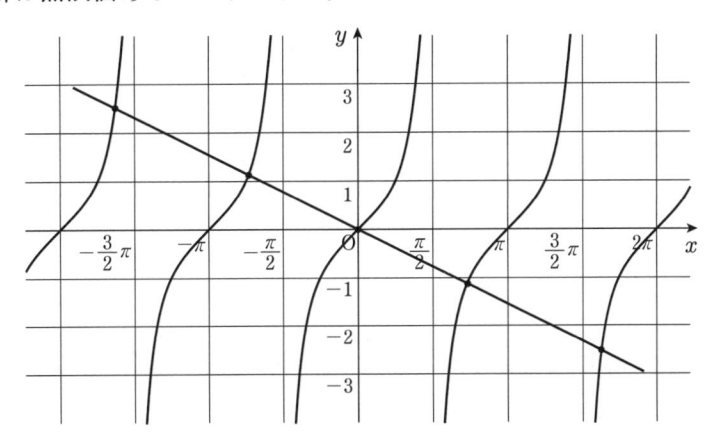

問題3．

（1）まず
$$a\overrightarrow{\mathrm{AP}_0} + b\overrightarrow{\mathrm{BP}_0} + c\overrightarrow{\mathrm{CP}_0} = \vec{0} \quad \cdots ①$$
を満たす点 P_0 があるとすると，同じ平面上の任意の点 Q に対して
$$a\mathrm{AQ}^2 + b\mathrm{BQ}^2 + c\mathrm{CQ}^2 = a\mathrm{AP}_0^2 + b\mathrm{BP}_0^2 + c\mathrm{CP}_0^2 + (a+b+c)\mathrm{P}_0\mathrm{Q}^2 \quad \cdots ②$$
が成り立つことに注意する。なぜなら，$\overrightarrow{\mathrm{AQ}} = \overrightarrow{\mathrm{AP}_0} + \overrightarrow{\mathrm{P}_0\mathrm{Q}}$ より
$$\mathrm{AQ}^2 = \mathrm{AP}_0^2 + \mathrm{P}_0\mathrm{Q}^2 + 2\overrightarrow{\mathrm{AP}_0}\cdot\overrightarrow{\mathrm{P}_0\mathrm{Q}}$$
BQ^2，CQ^2 も同様であるから，a，b，c をかけて加えると
$$a\mathrm{AQ}^2 + b\mathrm{BQ}^2 + c\mathrm{CQ}^2 = a\mathrm{AP}_0^2 + b\mathrm{BP}_0^2 + c\mathrm{CP}_0^2 + (a+b+c)\mathrm{P}_0\mathrm{Q}^2$$
$$+ 2(a\overrightarrow{\mathrm{AP}_0} + b\overrightarrow{\mathrm{BP}_0} + c\overrightarrow{\mathrm{CP}_0})\cdot\overrightarrow{\mathrm{P}_0\mathrm{Q}}$$
①より末尾の項は0であるから，②が成り立つ。これより
$$a\mathrm{AQ}^2 + b\mathrm{BQ}^2 + c\mathrm{CQ}^2 \geqq a\mathrm{AP}_0^2 + b\mathrm{BP}_0^2 + c\mathrm{CP}_0^2$$
（等号成立条件は Q と P_0 が一致すること）

がわかる。したがって，もし①を満たす点 P_0 が △ABC の内部にとれれば，それが $a\mathrm{AP}^2 + b\mathrm{BP}^2 + c\mathrm{CP}^2$ の値を最小にする点 P である。

次に，①を満たす点 P_0 について考える。

直線 AP_0 と辺 BC の交点を D とすると
$$\overrightarrow{\mathrm{AD}} = \lambda\overrightarrow{\mathrm{AB}} + \mu\overrightarrow{\mathrm{AC}} \quad \left(\lambda = \frac{\mathrm{DC}}{\mathrm{BC}},\ \mu = \frac{\mathrm{BD}}{\mathrm{BC}}\right)$$

と表されるが，$\overrightarrow{AD}$ は $\overrightarrow{AP_0}$ の定数倍であるから

$$\lambda : \mu = b : c \quad \text{すなわち，} \quad BD : DC = c : b$$

でなければならない。これは AD が $\angle A$ の二等分線であることを意味する。他の角についても同様であるから，①を満たす点 P_0 は $\triangle ABC$ の内心でなければならない。逆に $\triangle ABC$ の内心 I は

$$\overrightarrow{AI} = \frac{b}{a+b+c}\overrightarrow{AB} + \frac{c}{a+b+c}\overrightarrow{AC}$$

を満たすので

$$a\overrightarrow{AI} + b\overrightarrow{BI} + c\overrightarrow{CI} = (a+b+c)\overrightarrow{AI} - b\overrightarrow{AB} - c\overrightarrow{AC} = \vec{0}$$

が成り立つ。以上より，$a\mathrm{AP}^2 + b\mathrm{BP}^2 + c\mathrm{CP}^2$ の値を最小にする $\triangle ABC$ の内部の点 P は，その内心である。

（答）　$\triangle ABC$ の内心

(2)　求める最小値は $a\mathrm{AI}^2 + b\mathrm{BI}^2 + c\mathrm{CI}^2$ である。AI と BC の交点をあらためて D とすると，$BD = \dfrac{ac}{b+c}$ であり

$$AD^2 = AB^2 + BD^2 - 2AB \cdot BD \cos B = c^2 + \left(\frac{ac}{b+c}\right)^2 - 2\frac{cac}{b+c} \cdot \frac{a^2-b^2+c^2}{2ac}$$

$$= \frac{bc}{(b+c)^2}(a+b+c)(-a+b+c)$$

$$AI : ID = c : \frac{ac}{b+c} = (b+c) : a$$

より

$$AI^2 = AD^2 \left(\frac{b+c}{a+b+c}\right)^2 = \frac{bc(-a+b+c)}{a+b+c}$$

同様にして

$$BI^2 = \frac{ca(a-b+c)}{a+b+c}, \quad CI^2 = \frac{ab(a+b-c)}{a+b+c}$$

がわかるので

$$a\mathrm{AI}^2 + b\mathrm{BI}^2 + c\mathrm{CI}^2 = \frac{abc}{a+b+c}(-a+b+c+a-b+c+a+b-c) = abc$$

（答）　abc

問題4．

(1) 10個のデータをそれぞれ $x_1, x_2, \cdots, x_{10}$ とする。標本平均（これを $\overline{x}$ とする）が 20.20g なので、それぞれのデータの偏差の2乗の和は

$$\sum_{k=1}^{10}(x_k-\overline{x})^2 = 0.27^2+(-0.24)^2+0.43^2+0.18^2+(-0.44)^2+0.25^2+(-0.62)^2$$
$$+0.38^2+(-0.23)^2+0.02^2$$
$$=1.186$$

これより10個のデータの不偏分散 U^2 は $\dfrac{1.186}{10-1}$ であり

$$\sqrt{\dfrac{U^2}{10}} = \sqrt{\dfrac{1.186}{9\times 10}} = 0.1147945\cdots$$

また、自由度 $10-1=9$ の t 分布における上側 0.025 点は 2.262 であるから、求める母平均の信頼度95%の信頼区間は

$$20.20-2.262\times\sqrt{\dfrac{U^2}{10}} \leqq \mu \leqq 20.20+2.262\times\sqrt{\dfrac{U^2}{10}}$$

よって、$19.940334\cdots \leqq \mu \leqq 20.459665\cdots$ より、求める信頼区間は $19.94 \leqq \mu \leqq 20.46$

(答) $19.94 \leqq \mu \leqq 20.46$

(2) μ に対して、帰無仮説 H_0 と対立仮説 H_1 を
$$H_0 : \mu = 20.00, \quad H_1 : \mu > 20.00$$
とする。このとき、H_0 の下で

$$T = \dfrac{\overline{x}-20.00}{\sqrt{\dfrac{U^2}{10}}}$$

は自由度 $10-1=9$ の t 分布に従う。

自由度 9 の t 分布における上側 0.05 点は 1.833 であることから

$$T = \dfrac{0.2}{\sqrt{\dfrac{1.186}{90}}} = 1.7422\cdots < 1.833$$

よって、仮説 H_0 は棄却できない。

これより実際の母平均 μ は 20.00g より重いとはいえない。

(答) 重いとはいえない

問題5.

$$a = \sqrt[3]{\frac{1}{2} + \frac{1}{6}\sqrt{\frac{23}{3}}}, \quad b = \sqrt[3]{\frac{1}{2} - \frac{1}{6}\sqrt{\frac{23}{3}}}$$

とおき，$x = a + b$ を解にもつ（なるべく次数の低い）代数方程式を求める。

$$ab = \sqrt[3]{\frac{1}{4} - \frac{1}{36}\cdot\frac{23}{3}} = \sqrt[3]{\frac{1}{27}} = \frac{1}{3}, \quad a^3 + b^3 = \frac{1}{2} + \frac{1}{2} = 1$$

より

$$(a+b)^3 = a^3 + b^3 + 3ab(a+b) = 1 + (a+b)$$

よって，$x^3 = 1 + x$ すなわち

$$x^3 - x - 1 = 0 \quad \cdots ①$$

が得られる。次にニュートン法により①の近似解を求める。

$f(x) = x^3 - x - 1$ とおくと，$f'(x) = 3x^2 - 1$ であり，増減表は以下のようになる。

x	$\cdots$	$-\frac{1}{\sqrt{3}}$	$\cdots$	$\frac{1}{\sqrt{3}}$	$\cdots$
$f'(x)$	$+$	0	$-$	0	$+$
$f(x)$	↗	$\frac{2\sqrt{3}-9}{9}$	↘	$-\frac{2\sqrt{3}+9}{9}$	↗

$\frac{2\sqrt{3}-9}{9} < 0$，$-\frac{2\sqrt{3}+9}{9} < 0$ より，$f(x) = 0$ の実数解はただ1つでその値は $\frac{1}{\sqrt{3}}$ より大きい。そこで，ニュートン法における漸化式

$$\widetilde{a}_{n+1} = a_n - \frac{f(a_n)}{f'(a_n)} = \frac{2a_n^3 + 1}{3a_n^2 - 1}$$

a_{n+1}：$\widetilde{a}_{n+1}$ の小数第7位を四捨五入して小数第6位まで求めた値を考え，$a_1 = 1$ として順次，計算を行う。すると

$\widetilde{a}_2 = 1.5 = a_2$
$\widetilde{a}_3 = 1.3478260\cdots ≒ 1.347826 = a_3$
$\widetilde{a}_4 = 1.3252003\cdots ≒ 1.325200 = a_4$
$\widetilde{a}_5 = 1.3247181\cdots ≒ 1.324718 = a_5$
$\widetilde{a}_6 = 1.3247179\cdots ≒ 1.324718 = a_6$

$a_6 = a_5$ であることから，これ以上，計算の必要はない。
よって，1.324718 の小数第5位を四捨五入して，求める近似値は 1.3247 である。

（答）　1.3247

参考①　プラスチック数（Plastic number）

問題文にもあるように，$x^3 = x+1$ を満たす唯一の実数解である。
また，プラスチック数は以下の方程式なども満たす。
$$x^5 = x^4+1, \quad x^5 = x^2+x+1, \quad x^6 = x^2+2x+1, \quad x^6 = x^4+x+1$$

参考②　ニュートン法

ニュートン法とは方程式の解の近似値を数値的に求める手法の１つである。

方程式 $f(x)=0$ の解 α に近い値 x_1 をとり，曲線 $y=f(x)$ 上の点 $(x_1, f(x_1))$ における曲線の接線の方程式を求めると

$$y = f'(x_1)(x-x_1) + f(x_1)$$

となる。この接線と x 軸の交点の x 座標を x_2 とすると

$$x_2 = x_1 - \frac{f(x_1)}{f'(x_1)} \quad \cdots ①$$

次に，点 $(x_2, f(x_2))$ における曲線の接線が，x 軸と交わる点の x 座標を x_3 とし，以下この操作を繰り返すと，数列

$$x_1, x_2, x_3, \cdots, x_n, \cdots \quad \cdots ②$$

が得られる。①と同様にして，$n=2, 3, \cdots$ に対しても

$$x_{n+1} = x_n - \frac{f(x_n)}{f'(x_n)} \quad \cdots ③$$

が成り立つ。数列②は x_1 と漸化式③で定まる。
このようにして近似解を求める方法をニュートン法という。

問題６．

（１）　３次単位行列 E_3 に対して

$$\det(\lambda E_3 - A) = \begin{vmatrix} \lambda-1 & -2i & -2 \\ 2i & \lambda+3 & -2i \\ -2 & 2i & \lambda-1 \end{vmatrix}$$

$$= (\lambda-1)^2(\lambda+3) + 8 + 8 - 4(\lambda-1) - 4(\lambda-1) - 4(\lambda+3)$$
$$= \lambda^3 + \lambda^2 - 17\lambda + 15$$
$$= (\lambda-1)(\lambda-3)(\lambda+5)$$

よって，A の特性（固有）方程式は
$$(\lambda - 1)(\lambda - 3)(\lambda + 5) = 0$$
であり，固有値は -5, 1, 3 である。

（答）　-5, 1, 3

（2）（1）より $\lambda_1 = -5$, $\lambda_2 = 1$, $\lambda_3 = 3$ である。それぞれの固有値に対する固有ベクトルを求める。

$$(\lambda_1 I_3 - A)\vec{v_1} = \begin{pmatrix} -6 & -2i & -2 \\ 2i & -2 & -2i \\ -2 & 2i & -6 \end{pmatrix}\vec{v_1} = \vec{0}$$

の解は，$\vec{w_1} = \begin{pmatrix} 1 \\ 2i \\ -1 \end{pmatrix}$ として，$\vec{v_1} = c_1 \vec{w_1}$

$$(\lambda_2 I_3 - A)\vec{v_2} = \begin{pmatrix} 0 & -2i & -2 \\ 2i & 4 & -2i \\ -2 & 2i & 0 \end{pmatrix}\vec{v_2} = \vec{0}$$

の解は，$\vec{w_2} = \begin{pmatrix} 1 \\ -i \\ -1 \end{pmatrix}$ として，$\vec{v_2} = c_2 \vec{w_2}$

$$(\lambda_3 I_3 - A)\vec{v_3} = \begin{pmatrix} 2 & -2i & -2 \\ 2i & 6 & -2i \\ -2 & 2i & 2 \end{pmatrix}\vec{v_3} = \vec{0}$$

の解は，$\vec{w_3} = \begin{pmatrix} 1 \\ 0 \\ 1 \end{pmatrix}$ として，$\vec{v_3} = c_3 \vec{w_3}$

でそれぞれ与えられる（c_1, c_2, c_3 は定数）。

$\vec{w_1}$, $\vec{w_2}$, $\vec{w_3}$ の（通常の複素数の内積から定まる）大きさはそれぞれ $\sqrt{6}$, $\sqrt{3}$, $\sqrt{2}$ であるから，$\vec{v_1}' = \dfrac{1}{\sqrt{6}}\vec{w_1}$, $\vec{v_2}' = \dfrac{1}{\sqrt{3}}\vec{w_2}$, $\vec{v_3}' = \dfrac{1}{\sqrt{2}}\vec{w_3}$ は，いずれも大きさが 1 で，かつ，互いに直交する。これらを並べて

$$P = \begin{pmatrix} \dfrac{1}{\sqrt{6}} & \dfrac{1}{\sqrt{3}} & \dfrac{1}{\sqrt{2}} \\ \dfrac{2i}{\sqrt{6}} & -\dfrac{i}{\sqrt{3}} & 0 \\ -\dfrac{1}{\sqrt{6}} & -\dfrac{1}{\sqrt{3}} & \dfrac{1}{\sqrt{2}} \end{pmatrix}$$

とおけば，$PP^* = P^*P = I_3$ が成り立ち，さらに

$$AP = P\begin{pmatrix} \lambda_1 & 0 & 0 \\ 0 & \lambda_2 & 0 \\ 0 & 0 & \lambda_3 \end{pmatrix}, \quad \text{すなわち}, \quad P^{-1}AP = \begin{pmatrix} \lambda_1 & 0 & 0 \\ 0 & \lambda_2 & 0 \\ 0 & 0 & \lambda_3 \end{pmatrix}$$

が成り立つ。

(答) $P = \begin{pmatrix} \dfrac{1}{\sqrt{6}} & \dfrac{1}{\sqrt{3}} & \dfrac{1}{\sqrt{2}} \\ \dfrac{2i}{\sqrt{6}} & -\dfrac{i}{\sqrt{3}} & 0 \\ -\dfrac{1}{\sqrt{6}} & -\dfrac{1}{\sqrt{3}} & \dfrac{1}{\sqrt{2}} \end{pmatrix}$

> **参考 エルミート行列の対角化**
>
> 本問で与えられた正方行列 $A = \begin{pmatrix} 1 & 2i & 2 \\ -2i & -3 & 2i \\ 2 & -2i & 1 \end{pmatrix}$ はエルミート行列と呼ばれ，適当なユニタリー行列 P によって，対角成分が実数からなる次の行列に対角化できる。
>
> $$P^{-1}AP = \begin{pmatrix} -5 & 0 & 0 \\ 0 & 1 & 0 \\ 0 & 0 & 3 \end{pmatrix}$$
>
> なお，エルミート行列は $A^* = A$ を満たす行列で，ユニタリー行列は $PP^* = P^*P = I_3$ を満たす行列である。ユニタリー行列は $P^* = P^{-1}$ とも表せる。

第4回　2次：数理技能検定《解答・解説》

問題7.

$$S(a) = \int_0^a f(x)\,dx, \quad l(a) = \int_0^a \sqrt{1+\{f'(x)\}^2}\,dx$$

より

$$\int_0^a f(x)\,dx = \int_0^a \sqrt{1+\{f'(x)\}^2}\,dx$$

両辺を a について微分して

$$f(a) = \sqrt{1+\{f'(a)\}^2}$$

独立変数を x にして整理すると

$$\frac{df}{dx} = \pm\sqrt{f^2-1}$$

右辺が恒等的に 0 でないことに注意して

$$\frac{df}{\sqrt{f^2-1}} = \pm dx$$

これを積分して

$$\log_e\left(f+\sqrt{f^2-1}\right) = \pm x + C \quad (C は積分定数)$$

初期条件 $f(0)=1$ より，$C=0$ であるから

$$f+\sqrt{f^2-1} = e^{\pm x}$$

逆数をとると

$$f-\sqrt{f^2-1} = e^{\mp x} \quad (ここまで複号同順)$$

よって，$f(x) = \dfrac{e^x+e^{-x}}{2}$ である。

（答）　$f(x) = \dfrac{e^x+e^{-x}}{2}$

参考　懸垂線（カテナリー曲線）

$f(x) = \dfrac{e^x+e^{-x}}{2}$ は懸垂線（カテナリー曲線）とよばれ，ロープや電線の両端をもって垂らしたときにできる曲線を表す。本問のように $S(a)=l(a)$，すなわち面積と曲線の長さの値が一致するのは興味深い。

第 5 回

1次：計算技能検定《問題》	…… 108
1次：計算技能検定《解答・解説》	…… 112
2次：数理技能検定《問題》	…… 122
2次：数理技能検定《解答・解説》	…… 127

実用数学技能検定 1級［完全解説問題集］発見

第5回 1次：計算技能検定 《問題》

問題1.

次の方程式を解きなさい。

$$12x^3 + 10x^2 - 8x + 1 = 0$$

問題2.

複素数全体の部分集合

$$A = \left\{e^{\frac{7}{12}n\pi i} \mid n = 1, 2, 3, \cdots, 12\right\}, \quad B = \left\{e^{\frac{5}{12}n\pi i} \mid n = 1, 2, 3, \cdots, 10\right\}$$

について，次の問いに答えなさい。ただし，e は自然対数の底，i は虚数単位を表します。

① 和集合 $A \cup B$ の要素の個数を求めなさい。

② 共通部分 $A \cap B$ の要素の個数を求めなさい。

問題3.

次の行列の逆行列を求めなさい。ただし，x は 0 でなく，かつ，次の行列が逆行列をもつような実数とします。

$$\begin{pmatrix} -1 & 1+x & 1+x^{-1} \\ 1+x^{-1} & -1 & 1+x \\ 1+x & 1+x^{-1} & -1 \end{pmatrix}$$

問題4.

xyz 空間内に3点 O(0, 0, 0),A(1, −1, 0),B(1, 0, −1) があります。3次正方行列

$$\begin{pmatrix} 2 & 0 & -1 \\ 0 & 1 & 1 \\ 1 & 2 & 0 \end{pmatrix}$$

の表す1次変換を f とし,f による点 A,B の像をそれぞれ点 C,D とするとき,△OCD の面積は △OAB の面積の何倍になりますか。

問題5.

職場などで単位時間あたりにかかってくる電話の件数はポアソン分布に従うことが知られています。

ある会社の2つの部署 A,B に対し,1時間にかかってくる電話の件数が部署 A は平均3.5件,部署 B は平均2.5件のポアソン分布に従うとき,次の問いに答えなさい。ただし,部署 A と部署 B にそれぞれかかってくる電話の件数は互いに独立であるとし,解答の際には117ページにあるポアソン分布表を用い,答えは小数第3位を四捨五入して小数第2位まで求めなさい。

① 部署 A に1時間に4件以上電話がかかってくる確率を求めなさい。
② 部署 A,B に1時間に合わせて7件以上電話がかかってくる確率を求めなさい。

第5回　1次：計算技能検定《問題》

問題6.

関数 $\dfrac{1}{(1-x)^3}$ の $|x|<1$ におけるマクローリン展開

$$\dfrac{1}{(1-x)^3} = \sum_{n=0}^{\infty} a_n x^n$$

について，a_n を n を用いて表しなさい．

問題7.

微分方程式 $\dfrac{dy}{dx} = y(1-y)$ を，初期条件 $y(0) = \dfrac{1}{2}$ の下で解きなさい．

ポアソン分布表

下の表は平均 λ のポアソン分布に従う確率分布における $\dfrac{\lambda^k e^{-\lambda}}{k!}$ の近似値を表します。
ただし，e は自然対数の底，「！」は階乗を表します。

k \ λ	0.5	1	1.5	2	2.5	3	3.5	4	4.5	5
0	0.6065	0.3679	0.2231	0.1353	0.0821	0.0498	0.0302	0.0183	0.0111	0.0067
1	0.3033	0.3679	0.3347	0.2707	0.2052	0.1494	0.1057	0.0733	0.0500	0.0337
2	0.0758	0.1839	0.2510	0.2707	0.2565	0.2240	0.1850	0.1465	0.1125	0.0842
3	0.0126	0.0613	0.1255	0.1804	0.2138	0.2240	0.2158	0.1954	0.1687	0.1404
4	0.0016	0.0153	0.0471	0.0902	0.1336	0.1680	0.1888	0.1954	0.1898	0.1755
5	0.0002	0.0031	0.0141	0.0361	0.0668	0.1008	0.1322	0.1563	0.1708	0.1755
6		0.0005	0.0035	0.0120	0.0278	0.0504	0.0771	0.1042	0.1281	0.1462
7		0.0001	0.0008	0.0034	0.0099	0.0216	0.0385	0.0595	0.0824	0.1044
8			0.0001	0.0009	0.0031	0.0081	0.0169	0.0298	0.0463	0.0653
9				0.0002	0.0009	0.0027	0.0066	0.0132	0.0232	0.0363
10					0.0002	0.0008	0.0023	0.0053	0.0104	0.0181

k \ λ	5.5	6	6.5	7	7.5	8	8.5	9	9.5	10
0	0.0041	0.0025	0.0015	0.0009	0.0006	0.0003	0.0002	0.0001	0.0001	0.0000
1	0.0225	0.0149	0.0098	0.0064	0.0041	0.0027	0.0017	0.0011	0.0007	0.0005
2	0.0618	0.0446	0.0318	0.0223	0.0156	0.0107	0.0074	0.0050	0.0034	0.0023
3	0.1133	0.0892	0.0688	0.0521	0.0389	0.0286	0.0208	0.0150	0.0107	0.0076
4	0.1558	0.1339	0.1118	0.0912	0.0729	0.0573	0.0443	0.0337	0.0254	0.0189
5	0.1714	0.1606	0.1454	0.1277	0.1094	0.0916	0.0752	0.0607	0.0483	0.0378
6	0.1571	0.1606	0.1575	0.1490	0.1367	0.1221	0.1066	0.0911	0.0764	0.0631
7	0.1234	0.1377	0.1462	0.1490	0.1465	0.1396	0.1294	0.1171	0.1037	0.0901
8	0.0849	0.1033	0.1188	0.1304	0.1373	0.1396	0.1375	0.1318	0.1232	0.1126
9	0.0519	0.0688	0.0858	0.1014	0.1144	0.1241	0.1299	0.1318	0.1300	0.1251
10	0.0285	0.0413	0.0558	0.0710	0.0858	0.0993	0.1104	0.1186	0.1235	0.1251

第5回 1次：計算技能検定 《解答・解説》

問題1.

$f(x) = 12x^3 + 10x^2 - 8x + 1$ とする。

$$f\left(\frac{1}{6}\right) = 12 \times \left(\frac{1}{6}\right)^3 + 10 \times \left(\frac{1}{6}\right)^2 - 8 \times \frac{1}{6} + 1$$

$$= \frac{1}{18} + \frac{5}{18} - \frac{4}{3} + 1 = 0$$

$$\begin{array}{r|rrrr} \frac{1}{6} & 12 & 10 & -8 & 1 \\ & & 2 & 2 & -1 \\ \hline & 12 & 12 & -6 & 0 \end{array}$$

組立除法

から

$$f(x) = \left(x - \frac{1}{6}\right)(12x^2 + 12x - 6) = (6x - 1)(2x^2 + 2x - 1)$$

$(6x-1)(2x^2+2x-1)=0$ を解いて，$x = \dfrac{1}{6}, \ \dfrac{-1 \pm \sqrt{3}}{2}$

（答） $x = \dfrac{1}{6}, \ \dfrac{-1 \pm \sqrt{3}}{2}$

参考 $a_n x^n + a_{n-1} x^{n-1} + \cdots + a_0$ の因数 $x - \alpha$ の求め方

① $a_n = 1$ の場合，$\alpha =$ 定数項 a_0 の約数

② $a_n \neq 1$ の場合，$\alpha = \dfrac{\text{定数項 } a_0 \text{ の約数}}{\text{最高次数の係数 } a_n \text{ の約数}}$

この問題では，$a_0 = 1$, $a_n = 12$ から

$$\alpha = \pm 1, \ \pm \frac{1}{2}, \ \pm \frac{1}{3}, \ \pm \frac{1}{4}, \ \pm \frac{1}{6}, \ \pm \frac{1}{12}$$

と調べていく。

ただし，$\alpha = \dfrac{1}{6}$ を見つけるまで時間を要し，さらに分数の計算ミスも起こしやすい。そこで，次の別解のように方程式を変形してみると少し計算が楽になる。

別解 $12x^3 + 10x^2 - 8x + 1 = 0$

$x = \dfrac{1}{X}$ と置き換えて，両辺に X^3 をかけると

$$12\cdot\frac{1}{X^3}+10\cdot\frac{1}{X^2}-8\cdot\frac{1}{X}+1=0, \quad X^3-8X^2+10X+12=0$$

ここで，$f(X)=X^3-8X^2+10X+12$ とおくと，$f(6)=216-288+60+12=0$ から

$$(X-6)(X^2-2X-2)=0$$
$$X=6, \ 1\pm\sqrt{3}$$

よって，

$$x\left(=\frac{1}{X}\right)=\frac{1}{6}, \ \frac{1}{1\pm\sqrt{3}}$$

$\dfrac{1}{1\pm\sqrt{3}}=\dfrac{1\mp\sqrt{3}}{-2}=\dfrac{-1\pm\sqrt{3}}{2}$（複号同順） から，$x=\dfrac{1}{6}, \ \dfrac{-1\pm\sqrt{3}}{2}$

問題2.

$$A=\left\{e^{\frac{7}{12}\pi i}, \ e^{\frac{14}{12}\pi i}, \ e^{\frac{21}{12}\pi i}, \ e^{\frac{28}{12}\pi i}, \ e^{\frac{35}{12}\pi i}, \ \cdots, \ e^{\frac{84}{12}\pi i}\right\}$$

$$B=\left\{e^{\frac{5}{12}\pi i}, \ e^{\frac{10}{12}\pi i}, \ e^{\frac{15}{12}\pi i}, \ \cdots, \ e^{\frac{50}{12}\pi i}\right\}$$

となり，偏角の分割単位 $\dfrac{\pi}{12}=15°$ 毎に円を区切って，図のように複素数平面上に集合 A, B の要素をそれぞれ●と○でプロットする。

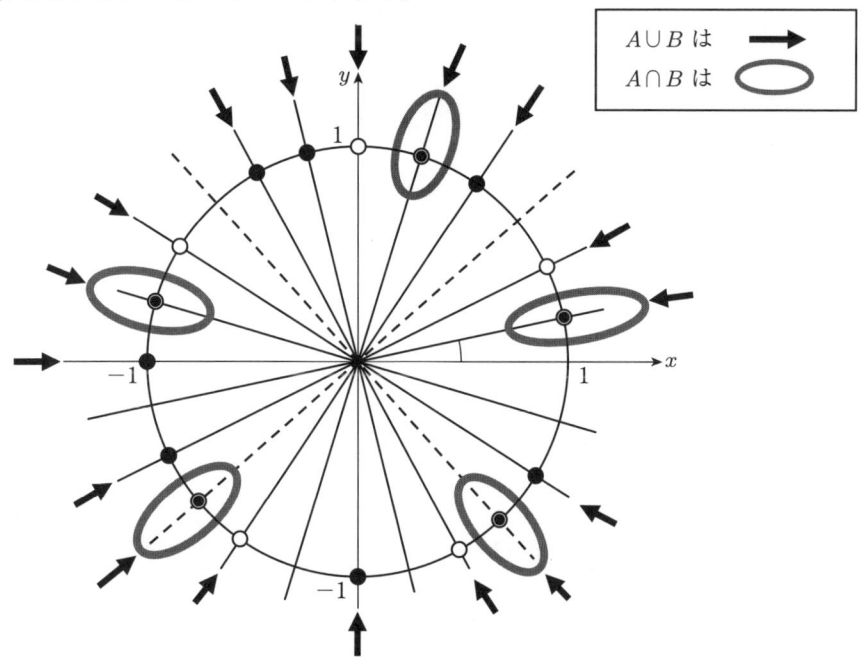

第5回　1次：計算技能検定《解答・解説》

②は楕円の実線で囲んだ個数から $N(A \cap B) = 5$ とわかる。

集合 A, B の個数を $N(A)$, $N(B)$ で表すと
$$N(A \cup B) = N(A) + N(B) - N(A \cap B)$$
で求められる。$N(A) = 12$, $N(B) = 10$, $N(A \cap B) = 5$ から，①は
$$N(A \cup B) = 12 + 10 - 5 = 17$$
となる。（図の ➡ で表している。）

（答）　①　17個　　②　5個

別解　集合 A と集合 B を下表のように $7n$, $5n$ をそれぞれ 24 で割った余りの一致から $N(A \cap B)$ を求めてもよい。

n	集合 A（図では●）		集合 B（図では○）	
	$7n$	mod 24	$5n$	mod 24
$n=1$	7	7	5	5
$n=2$	14	14	10	10
$n=3$	21	21	15	15
$n=4$	28	4	20	20
$n=5$	35	11	25	1
$n=6$	42	18	30	6
$n=7$	49	1	35	11
$n=8$	56	8	40	16
$n=9$	63	15	45	21
$n=10$	70	22	50	2
$n=11$	77	5		
$n=12$	84	12		

24 で割った余りを示す mod 24 の欄で網かけした 21，11，1，15，5 の5つの点が集合 A, B の要素が一致する部分で，すなわち $N(A \cap B) = 5$ となる。

前ページの図では，5点はそれぞれ ㉑，⑪，①，⑮，⑤に対応する。

第5回　1次：計算技能検定《解答・解説》

問題3．

余因子行列を行列式で割って逆行列を求める。

$X = \begin{pmatrix} -1 & 1+x & 1+x^{-1} \\ 1+x^{-1} & -1 & 1+x \\ 1+x & 1+x^{-1} & -1 \end{pmatrix}$ の行列式 $|X|$ を求める。

$|X| = \begin{vmatrix} -1 & 1+x & 1+x^{-1} \\ 1+x^{-1} & -1 & 1+x \\ 1+x & 1+x^{-1} & -1 \end{vmatrix} = \begin{vmatrix} 1+x+x^{-1} & 1+x & 1+x^{-1} \\ 1+x+x^{-1} & -1 & 1+x \\ 1+x+x^{-1} & 1+x^{-1} & -1 \end{vmatrix}$ $\begin{pmatrix} \text{第2列・第3列を} \\ \text{第1列に加えた。} \end{pmatrix}$

$= (1+x+x^{-1}) \begin{vmatrix} 1 & 1+x & 1+x^{-1} \\ 1 & -1 & 1+x \\ 1 & 1+x^{-1} & -1 \end{vmatrix} = (1+x+x^{-1}) \begin{vmatrix} 1 & 1+x & 1+x^{-1} \\ 0 & -2-x & x-x^{-1} \\ 0 & x^{-1}-x & -2-x^{-1} \end{vmatrix}$

$= (1+x+x^{-1})\{(2+x)(2+x^{-1}) + (x-x^{-1})^2\}$

ここで，$(2+x)(2+x^{-1}) + (x-x^{-1})^2$ を展開・整理すると

$(2+x)(2+x^{-1}) + (x-x^{-1})^2 = 4 + 2x^{-1} + 2x + 1 + x^2 - 2 + x^{-2}$

$= x^2 + \dfrac{1}{x^2} + 2x + 2x^{-1} + 3 = \left(x+\dfrac{1}{x}\right)^2 - 2 + 2\left(x+\dfrac{1}{x}\right) + 3$

$= \left(x+\dfrac{1}{x}\right)^2 + 2\left(x+\dfrac{1}{x}\right) + 1 = \left(x+\dfrac{1}{x}+1\right)^2$

から，$|X| = (x+x^{-1}+1)^3$ が得られる。次に，X の余因子行列 $\widetilde{X}$ から

$\begin{pmatrix} -1 & 1+x & 1+x^{-1} \\ 1+x^{-1} & -1 & 1+x \\ 1+x & 1+x^{-1} & -1 \end{pmatrix}^{-1} = \dfrac{1}{|X|}\widetilde{X} = \dfrac{1}{|X|} \begin{pmatrix} \widetilde{X}_{11} & \widetilde{X}_{21} & \widetilde{X}_{31} \\ \widetilde{X}_{12} & \widetilde{X}_{22} & \widetilde{X}_{32} \\ \widetilde{X}_{13} & \widetilde{X}_{23} & \widetilde{X}_{33} \end{pmatrix}$

$= \dfrac{1}{|X|} \begin{pmatrix} \begin{vmatrix} -1 & 1+x \\ 1+x^{-1} & -1 \end{vmatrix} & -\begin{vmatrix} 1+x & 1+x^{-1} \\ 1+x^{-1} & -1 \end{vmatrix} & \begin{vmatrix} 1+x & 1+x^{-1} \\ -1 & 1+x \end{vmatrix} \\ -\begin{vmatrix} 1+x^{-1} & 1+x \\ 1+x & -1 \end{vmatrix} & \begin{vmatrix} -1 & 1+x^{-1} \\ 1+x & -1 \end{vmatrix} & -\begin{vmatrix} -1 & 1+x^{-1} \\ 1+x^{-1} & 1+x \end{vmatrix} \\ \begin{vmatrix} 1+x^{-1} & -1 \\ 1+x & 1+x^{-1} \end{vmatrix} & -\begin{vmatrix} -1 & 1+x \\ 1+x & 1+x^{-1} \end{vmatrix} & \begin{vmatrix} -1 & 1+x \\ 1+x^{-1} & -1 \end{vmatrix} \end{pmatrix}$

$= \dfrac{1}{|X|} \begin{pmatrix} 1-(1+x)(1+x^{-1}) & 1+x+(1+x^{-1})^2 & (1+x)^2+1+x^{-1} \\ 1+x^{-1}+(1+x)^2 & 1-(1+x)(1+x^{-1}) & 1+x+(1+x^{-1})^2 \\ (1+x^{-1})^2+1+x & 1+x^{-1}+(1+x)^2 & 1-(1+x)(1+x^{-1}) \end{pmatrix}$

$= \dfrac{1}{(1+x+x^{-1})^3} \begin{pmatrix} -(1+x+x^{-1}) & (1+x+x^{-1})(1+x^{-1}) & (1+x+x^{-1})(1+x) \\ (1+x+x^{-1})(1+x) & -(1+x+x^{-1}) & (1+x+x^{-1})(1+x^{-1}) \\ (1+x+x^{-1})(1+x^{-1}) & (1+x+x^{-1})(1+x) & -(1+x+x^{-1}) \end{pmatrix}$

第5回　1次：計算技能検定《解答・解説》

$$= \frac{1}{(1+x+x^{-1})^2}\begin{pmatrix} -1 & 1+x^{-1} & 1+x \\ 1+x & -1 & 1+x^{-1} \\ 1+x^{-1} & 1+x & -1 \end{pmatrix}$$

（答）$\dfrac{1}{(1+x+x^{-1})^2}\begin{pmatrix} -1 & 1+x^{-1} & 1+x \\ 1+x & -1 & 1+x^{-1} \\ 1+x^{-1} & 1+x & -1 \end{pmatrix}$

参考　余因子行列

n 次正方行列 $A = (a_{ij})$ から第 i 行と第 j 列を取り除いて得られる $(n-1)$ 次の行列を Δ_{ij} とする。すなわち

$$\Delta_{ij} = \begin{pmatrix} a_{11} & a_{12} & \cdots & a_{1j} & \cdots & a_{1n} \\ a_{21} & a_{22} & \cdots & a_{2j} & \cdots & a_{2n} \\ \vdots & \vdots & & \vdots & & \vdots \\ a_{i1} & a_{i2} & \cdots & a_{ij} & \cdots & a_{in} \\ \vdots & \vdots & & \vdots & & \vdots \\ a_{n1} & a_{n2} & \cdots & a_{nj} & \cdots & a_{nn} \end{pmatrix}$$

（↓第 j 列を除く　←第 i 行を除く）

である。さらに、Δ_{ij} の行列式を $|\Delta_{ij}|$ として

$$\widetilde{A}_{ij} = (-1)^{i+j}|\Delta_{ij}|$$

を行列 A における a_{ij} の余因子といい、$\widetilde{A}_{ij}$ を成分とする行列の転置行列

$$\widetilde{A} = \begin{pmatrix} \widetilde{A}_{11} & \widetilde{A}_{21} & \cdots & \widetilde{A}_{n1} \\ \widetilde{A}_{12} & \widetilde{A}_{22} & \cdots & \widetilde{A}_{n2} \\ \vdots & \vdots & & \vdots \\ \widetilde{A}_{1n} & \widetilde{A}_{2n} & \cdots & \widetilde{A}_{nn} \end{pmatrix}$$

を余因子行列という。

問題4．

点 C, D の座標を求める。

点 C の座標　$\begin{pmatrix} 2 & 0 & -1 \\ 0 & 1 & 1 \\ 1 & 2 & 0 \end{pmatrix}\begin{pmatrix} 1 \\ -1 \\ 0 \end{pmatrix} = \begin{pmatrix} 2 \\ -1 \\ -1 \end{pmatrix}$, 　点 D の座標　$\begin{pmatrix} 2 & 0 & -1 \\ 0 & 1 & 1 \\ 1 & 2 & 0 \end{pmatrix}\begin{pmatrix} 1 \\ 0 \\ -1 \end{pmatrix} = \begin{pmatrix} 3 \\ -1 \\ 1 \end{pmatrix}$

△OCD の面積と △OAB の面積の比は

$\overrightarrow{OA} = (1, -1, 0)$, $\overrightarrow{OB} = (1, 0, -1)$, $\overrightarrow{OC} = (2, -1, -1)$, $\overrightarrow{OD} = (3, -1, 1)$

として，ベクトルの外積の大きさの比をとる．

$\overrightarrow{OA} \times \overrightarrow{OB} = (1, 1, 1)$, $\overrightarrow{OC} \times \overrightarrow{OD} = (-2, -5, 1)$

から

$$\frac{|\overrightarrow{OC} \times \overrightarrow{OD}|}{|\overrightarrow{OA} \times \overrightarrow{OB}|} = \frac{\sqrt{30}}{\sqrt{3}} = \sqrt{10}$$

(答) $\sqrt{10}$ 倍

参考 ベクトルの外積

① ベクトル $\vec{a}$, $\vec{b}$ の外積

$\vec{a} = (a_1, a_2, a_3)$, $\vec{b} = (b_1, b_2, b_3)$ とするとき，外積 $\vec{a} \times \vec{b}$ は

$\vec{a} \times \vec{b} = (a_2 b_3 - a_3 b_2, a_3 b_1 - a_1 b_3, a_1 b_2 - a_2 b_1)$

$|\vec{a} \times \vec{b}| = \sqrt{(a_2 b_3 - a_3 b_2)^2 + (a_3 b_1 - a_1 b_3)^2 + (a_1 b_2 - a_2 b_1)^2}$

② ベクトル $\vec{a}$, $\vec{b}$ でつくられる三角形の面積

右図の △OAB の面積 S は

$$S = \frac{1}{2}\sqrt{|\vec{a}|^2 |\vec{b}|^2 - (\vec{a} \cdot \vec{b})^2}$$

$$= \frac{1}{2}\sqrt{(a_1^2 + a_2^2 + a_3^2)(b_1^2 + b_2^2 + b_3^2) - (a_1 b_1 + a_2 b_2 + a_3 b_3)^2}$$

$$= \frac{1}{2}\sqrt{(a_2 b_3 - a_3 b_2)^2 + (a_3 b_1 - a_1 b_3)^2 + (a_1 b_2 - a_2 b_1)^2}$$

$$= \frac{1}{2}|\vec{a} \times \vec{b}|$$

ベクトル $\vec{a}$, $\vec{b}$ の外積の大きさは，これらでつくられる三角形の面積の 2 倍，すなわち平行四辺形の面積に等しくなる．

第 5 回　1 次：計算技能検定《解答・解説》

問題 5.

① 1 時間にかかってくる電話の件数は部署 A では平均 3.5 件で，全体の確率 1 から，0 から 3 件までかかってくる確率を引いて求められる。

$$1 - \sum_{k=0}^{3} \frac{3.5^k e^{-3.5}}{k!} = 1 - \left(e^{-3.5} + 3.5 e^{-3.5} + \frac{3.5^2 e^{-3.5}}{2!} + \frac{3.5^3 e^{-3.5}}{3!} \right)$$

$$= 1 - (0.0302 + 0.1057 + 0.1850 + 0.2158) = 1 - 0.5367 = 0.4633 ≒ 0.46$$

（答）　0.46

② 部署 A，B に合わせて 1 時間に届く電話の件数の和を Z とすると，平均 3.5＋2.5＝6 件のポアソン分布に従う。ゆえに求める確率は

$$P(Z \geqq 7) = 1 - P(Z \leqq 6) = 1 - \sum_{k=0}^{6} \frac{6^k e^{-6}}{k!}$$

$$= 1 - \left(e^{-6} + 6 e^{-6} + \frac{6^2 e^{-6}}{2!} + \frac{6^3 e^{-6}}{3!} + \frac{6^4 e^{-6}}{4!} + \frac{6^5 e^{-6}}{5!} + \frac{6^6 e^{-6}}{6!} \right)$$

$$= 1 - (0.0025 + 0.0149 + 0.0446 + 0.0892 + 0.1339 + 0.1606 + 0.1606)$$

$$= 1 - 0.6063 = 0.3937 ≒ 0.39$$

（答）　0.39

参考　ポアソン分布

定数 $\lambda > 0$ に対し，自然数を値にとる確率変数 X が次の式を満たすとする。

$$P(X = k) = \frac{\lambda^k e^{-\lambda}}{k!}$$

このとき，確率変数 X はパラメータ λ のポアソン分布に従うといい，λ は発生する事象の期待発生回数に等しい。ポアソン分布は，本問のように単位時間あたりにかかってくる電話の件数など，世の中の希少現象を説明する確率モデルとして利用される。

＜ポアソン分布の性質＞
①ポアソン分布の平均値，分散はともに λ に等しい。
②互いに独立である確率変数 X，Y がそれぞれ平均 λ，μ のポアソン分布に従うとき，$X+Y$ は平均 $\lambda+\mu$ のポアソン分布に従う。

なお，本問の②はこの性質を利用して解いた。

問題6.

マクローリン展開

$$f(x) = \sum_{n=0}^{\infty} a_n x^n = f(0) + f'(0)x + \frac{f''(0)}{2!}x^2 + \cdots + \frac{f^{(n)}(0)}{n!}x^n + \cdots$$

から，$a_n = \dfrac{f^{(n)}(0)}{n!}$ を求める。

$f(x) = \dfrac{1}{(1-x)^3} = (1-x)^{-3}$ から

$$f'(x) = (-3)(-1)(1-x)^{-4} = 3(1-x)^{-4}$$
$$f''(x) = (-4)(-1) \cdot 3(1-x)^{-5} = 4 \cdot 3(1-x)^{-5}$$
$$f'''(x) = (-5)(-1) \cdot 4 \cdot 3(1-x)^{-6} = 5 \cdot 4 \cdot 3(1-x)^{-6}$$
$$f^{(4)}(x) = (-6)(-1) \cdot 5 \cdot 4 \cdot 3(1-x)^{-7} = 6 \cdot 5 \cdot 4 \cdot 3(1-x)^{-7}$$
$$\vdots \qquad \qquad \vdots$$
$$f^{(n)}(x) = (n+2)(n+1)\cdots 3(1-x)^{-3-n}$$

よって

$$a_n = \frac{f^{(n)}(0)}{n!} = \frac{(n+2)(n+1)\cdots 3}{n!} = \frac{(n+2)!}{2n!} = \frac{(n+1)(n+2)}{2}$$

（答） $a_n = \dfrac{(n+1)(n+2)}{2}$

別解 ①

$$\frac{1}{1-x} = 1 + x + x^2 + x^3 + x^4 + \cdots \qquad (|x| < 1)$$

上式を項別に微分して

$$\frac{1}{(1-x)^2} = 1 + 2x + 3x^2 + 4x^3 + 5x^4 + \cdots$$

$$-(-2)\frac{1}{(1-x)^3} = 2 + 3 \cdot 2x + 4 \cdot 3x^2 + 5 \cdot 4x^3 + \cdots + (n+2)(n+1)x^n + \cdots$$

$$\frac{1}{(1-x)^3} = \frac{2 \cdot 1}{2} + \frac{3 \cdot 2}{2}x + \frac{4 \cdot 3}{2}x^2 + \frac{5 \cdot 4}{2}x^3 + \cdots + \frac{(n+2)(n+1)}{2}x^n + \cdots$$

から，$a_n = \dfrac{(n+1)(n+2)}{2}$ が得られる。

別解 ❷

二項定理 $(1+x)^{\alpha} = \binom{\alpha}{0} + \binom{\alpha}{1}x + \binom{\alpha}{2}x^2 + \cdots + \binom{\alpha}{n}x^n + \cdots$ から

$$(1-x)^{-3} = \binom{-3}{0} + \binom{-3}{1}(-x) + \binom{-3}{2}(-x)^2 + \cdots + \binom{-3}{n}(-x)^n + \cdots$$

$$= \binom{-3}{0} - \binom{-3}{1}x + (-1)^2\binom{-3}{2}x^2 + \cdots + (-1)^n\binom{-3}{n}x^n + \cdots$$

よって

$$a_n = (-1)^n \binom{-3}{n} = (-1)^n \frac{(-3)(-4)(-5)\cdots\{-3-(n-1)\}}{n!}$$

$$= (-1)^n \frac{(-3)(-4)(-5)\cdots(-n-2)}{n!} = (-1)^n (-1)^n \frac{(n+2)(n+1)\cdots 5\cdot 4\cdot 3}{n!}$$

$$= (-1)^{2n} \frac{(n+2)!}{2n!} = \frac{(n+2)!}{2n!} = \frac{(n+1)(n+2)}{2}$$

問題 7.

$\dfrac{dy}{dx} = y(1-y)$ を変数分離形で解く。

$$\int \frac{dy}{y(1-y)} = \int dx$$

$$\int \left(\frac{1}{y} + \frac{1}{1-y}\right) dy = x + c \quad (c は任意定数)$$

ここで，左辺は $\log_e|y| - \log_e|1-y| = \log_e\left|\dfrac{y}{1-y}\right|$ から，$\left|\dfrac{y}{1-y}\right| = e^{x+c}$

$\dfrac{y}{1-y} = \pm e^{x+c} = Ae^x$ （$A = \pm e^c$）とおくと，$\dfrac{y}{1-y} = Ae^x$ から

$$y = \frac{Ae^x}{1+Ae^x} \quad \cdots ①$$

初期条件 $y(0) = \dfrac{A}{1+A} = \dfrac{1}{2}$ から，$A = 1$ が得られ，これを①に代入して，

$y = \dfrac{e^x}{1+e^x} \left(= \dfrac{1}{1+e^{-x}}\right)$ が得られる。

(答) $y = \dfrac{e^x}{1+e^x}$ （e は自然対数の底）

> **参考 成長曲線**
>
> 関数 $y = \dfrac{e^x}{1+e^x}\left(=\dfrac{1}{1+e^{-x}}\right)$ のグラフを成長（ロジスティック，シグモイド）曲線という。
>
> $\dfrac{dy}{dx} = y(1-y)$ の右辺は，$y(1-y) = -\left(y-\dfrac{1}{2}\right)^2 + \dfrac{1}{4}$ から $y=\dfrac{1}{2}$ で $\dfrac{dy}{dx}$ が最大で，$y=0$，1 で $\dfrac{dy}{dx}=0$ になる。
>
> さらに，$\dfrac{d^2y}{dx^2} = \dfrac{e^x(1-e^x)}{(1+e^x)^3}$ から，変曲点 $\left(0, \dfrac{1}{2}\right)$ を1個もつことがわかる。
>
> y を生物の個体数と考えて，y が増え始めると増加率も増し，$y=\dfrac{1}{2}$ で増加率が最大となる。それ以降は増加率は減少し，$y=1$ で増加率が0となって個体数の増加が停止する。
>
> $y = \dfrac{e^x}{1+e^x}$ のグラフは，$x \to \infty$ で $y \to 1$，$x \to -\infty$ で $y \to 0$ であるから，次のようになる。
>
> $\dfrac{dy}{dx} = y(1-y)$ より，$y=0$，1 も解となるが，初期条件 $y(0) = \dfrac{1}{2}$ を満たさないので考えなくてよい。

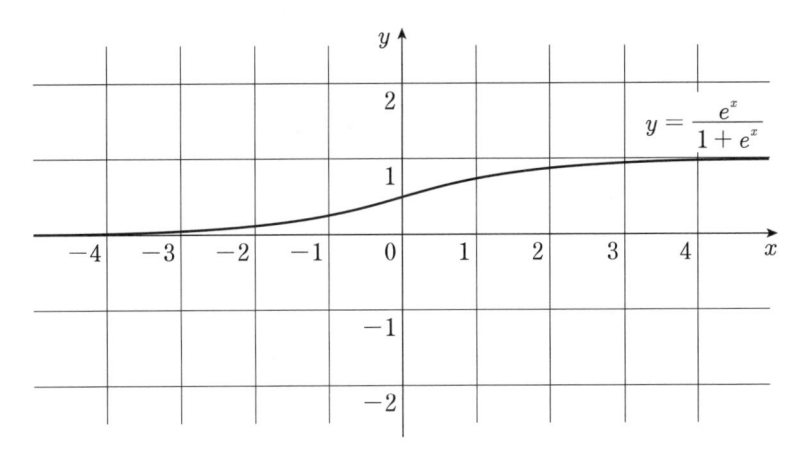

第5回 2次：数理技能検定 《問題》

問題1．（選択）

p を素数とし，a を p と互いに素（最大公約数が1）である整数とするとき，

$$a^{p-1} \equiv 1 \pmod{p}$$

が成り立つことが知られています（これをフェルマーの小定理といいます）。そして，この対偶である，3以上の整数 n において

$$m^{n-1} \not\equiv 1 \pmod{n}$$

を満たす n と互いに素である整数 m が存在するならば n は合成数（1でも素数でもない正の整数）である，ということを用いて，n が合成数であるかどうかを判定することができます。

ところが

n と互いに素であるどのような整数 m についても $m^{n-1} \equiv 1 \pmod{n}$

が成り立つからといって，必ずしも n が素数であるとは限りません。このような合成数 n をカーマイケル数といい，たとえば

561（＝3×11×17），62745（＝3×5×47×89）

が挙げられます（以上のことについては証明する必要はありません）。

合成数 n が下の（A）を満たすとき，n はカーマイケル数であることを証明しなさい（逆にすべてのカーマイケル数 n は（A）を満たしますが，このことを証明する必要はありません）。

---

n が奇数，かつ，n の素因数 p がすべて次の①，②を両方とも満たす
① n は p^2 で割りきれない
② $n-1$ は $p-1$ で割りきれる ……（A）

（証明技能）

問題2．（選択）

数列 $\{a_k\}_{k=1, 2, 3, \cdots, m}$ がある定数 λ（$0 < \lambda < 1$）に対して不等式
$$a_{k-1} + a_{k+1} \leq 2\lambda a_k \quad (k=2, 3, 4, \cdots, m-1)$$
を満たすとき，λ に関する強凸列とよぶことにします。このとき，上の不等式における a_k（$k=1, 2, 3, \cdots, m$）がすべて正の値をとるような λ に関する強凸列は，λ だけで定まるある定数 $\phi(\lambda)$ 個より多く続かない，すなわち $m \leq \phi(\lambda)$ であることを証明しなさい。

（証明技能）

問題3．（選択）

xy 平面において $13x^2 - 6\sqrt{3}\,xy + 7y^2 - 16 = 0$ の表す曲線 C は原点を中心（長軸と短軸との交点）とする楕円になります。この楕円の長軸を含む直線を l とし，xyz 空間において l の周りに C を1回転して得られる楕円面を S とします。楕円面 S の囲む立体の体積 V が l に垂直な2平面によって，$5:22:5$ に分割されるとき，この2平面の方程式を求めなさい。

第5回　2次：数理技能検定《問題》

問題4．（選択）

平成24年7月22日に実施された第223回「実用数学技能検定」6級に次の問題が出題されました。

> ある年の7月7日（七夕）は月曜日です。3月は31日，4月は30日，5月は31日，6月は30日まであります。このとき，次の問題に答えましょう。　　　　（整理技能）
>
> （29）　同じ年の5月5日（こどもの日）は何曜日ですか。
>
> （30）　同じ年の3月3日（ひな祭り）は何曜日ですか。

この問題に対しアンケートを実施したところ，6級の受検者のうち688名が回答し，そのうち371名が「おもしろいと感じた」と回答しました。そこで，標本比率を $\overline{p} = \dfrac{371}{688}$，受検者全員の中でこの問題を「おもしろいと感じた」と答えた人の割合を p とするとき，次の問いに答えなさい。ただし解答の際，標本比率は正規分布に従うことを仮定し，下の正規分布表の値を用いなさい。なお，上の問題に解答する必要はありません（ちなみに，上の問題の正答は両方とも「月曜日」です）。　　　　（統計技能）

（1）　p の99％信頼区間を求めなさい。ただし，信頼限界の値は小数第3位を四捨五入して，小数第2位まで求めなさい。

（2）　さらに上のアンケートの結果をより正確なものにすべく，p の99％信頼区間の幅（信頼区間が $\overline{p} - q \leqq p \leqq \overline{p} + q$ のときの q の値）を0.02以内にしたいと考えています。そのためには（既に回答した688名を含めて）何名以上の回答が必要でしょうか。答えは一の位を切り上げて，十の位の概数で求めなさい。

正規分布表

（平均0，分散1の正規分布における上側 α 点の値 $z(\alpha)$ を表します）

α	$z(\alpha)$
0.005	2.576
0.01	2.326
0.025	1.960
0.05	1.645
0.1	1.282

問題5．（選択）

有限個の要素からなる集合 V に対し，グラフを V と
$$V^{(2)} = \{[u, v] \mid u \neq v \quad (u, v は V の要素)\}$$
の部分集合 E の組 (V, E) の構造とします。ただし，V の要素 u, v に対して $[u, v]$ と $[v, u]$ は同一のものとして扱うものとします。

このとき，V 上の置換 f が
$$[u, v] は E の要素 \iff [f(u), f(v)] は E の要素$$
を満たすとき，f をグラフ (V, E) の自己同型写像といいます。ここで V の要素を○で表し，E の要素を○と○を結ぶ線分として図示するとき，下の図で表されるグラフの自己同型写像は全部でいくつあるでしょうか。ただし，V 上の恒等写像も自己同型写像の1つとして見なします。

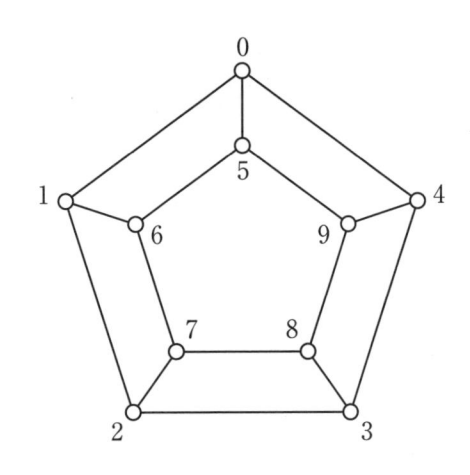

第5回　2次：数理技能検定《問題》

問題6．（必須）

α を $0°$ より大きく，$180°$ より小さい一定の角とします．このとき θ について，関係式

$$\begin{vmatrix} 1 & \cos\theta & \cos\theta & \cos\theta \\ \cos\theta & 1 & \cos\alpha & \cos\alpha \\ \cos\theta & \cos\alpha & 1 & \cos\alpha \\ \cos\theta & \cos\alpha & \cos\alpha & 1 \end{vmatrix} = 0 \quad \cdots ①$$

が満たされるとき，次の問いに答えなさい．

（1）　$\cos\theta$ を $\cos\alpha$ を用いて表しなさい．

（2）　①を θ に関する方程式とみたとき，実数解が存在するような α の範囲を定めなさい．

問題7．（必須）

実数 x，y についての2変数関数

$$f(x, y) = \frac{1}{4}x^4 - \frac{4}{3}x^3 + \frac{5}{2}x^2 - 2x + \frac{1}{3}y^3 + \frac{3}{2}y^2 + 2y + 2$$

の極値とそれを与える x，y の値を求めなさい．

第5回 2次：数理技能検定
《解答・解説》

問題1.

合成数 n は①を満たすので
$$n = p_1 p_2 \cdots p_r \quad (p_1,\ p_2,\ \cdots,\ p_r は相異なる素数)$$
と素因数分解できる。
また②より，各 p_k について
$$n - 1 = m_k(p_k - 1) \quad (m_k は整数)$$
が成り立つ。よって，整数 m について
$$m^n = m^{m_k(p_k-1)+1} = (m^{p_k-1})^{m_k} \cdot m$$
が成り立つ。m と p_k が互いに素ならば，フェルマーの小定理より
$$m^{p_k-1} \equiv 1 \pmod{p_k}$$
であるから
$$m^n \equiv 1^{m_k} \cdot m \equiv m \pmod{p_k}$$
ゆえに n と互いに素なあらゆる整数 m について
$$m^n - m \equiv 0 \pmod{p_k} \quad (1 \leq k \leq r)$$
が成り立つことがわかる。
$p_1,\ p_2,\ \cdots,\ p_r$ は相異なる素数であるから，$m^n - m$ はこれらの積 $p_1 p_2 \cdots p_r = n$ でも割り切れる。
すなわち，
$$m^n - m \equiv 0 \pmod{n}$$
$$m^{n-1} \equiv 1 \pmod{n}$$
が成り立つ。よって n はカーマイケル数である。

参考　コルセルトの判定法

本問で出てくる，合成数 n がカーマイケル数であるための必要十分条件は

> n が奇数，かつ，n の素因数 p がすべて次の①，②を満たす。
> ① n は p^2 で割りきれない
> ② $n-1$ は $p-1$ で割りきれる

である。これをコルセルトの判定法という。

第5回　2次：数理技能検定《解答・解説》

問題2.

λ に関する正の強凸列 $a_1, \cdots, a_m$ があるとする。このうち最大値をとるものの1つを a_l として固定する。$l=1$ あるいは $l=m$ のときは，以下の一方の議論だけですむので $1<l<m$ と仮定してよい。

まず，$l<n<m$ を満たす n を考える。

$k=l+1, l+2, \cdots, n$ について以下のように与えられた不等式が成立する。

$$\begin{cases} a_l + a_{l+2} \leq 2\lambda a_{l+1} \\ a_{l+1} + a_{l+3} \leq 2\lambda a_{l+2} \\ a_{l+2} + a_{l+4} \leq 2\lambda a_{l+3} \\ \cdots\cdots \\ a_{n-1} + a_{n+1} \leq 2\lambda a_n \end{cases}$$

これらを加えると

$$a_l + a_{l+1} + 2(a_{l+2} + \cdots + a_{n-1}) + a_n + a_{n+1} \leq 2\lambda(a_{l+1} + \cdots + a_n)$$

が成り立つ。左辺において

$$a_{l+1} + a_n = 2(a_{l+1} + a_n) - a_{l+1} - a_n$$

と変形してまとめると

$$(a_{l+1} - a_l) + (a_n - a_{n+1}) \geq 2(1-\lambda)(a_{l+1} + \cdots + a_n) \geq 2(1-\lambda)a_{l+1} > 0$$

a_l が最大から，$a_{l+1} - a_l \leq 0$ より，$a_n - a_{n+1} \geq 2(1-\lambda)a_{l+1} > 0$ が成立する。

これより，以下のように $n=l+1, l+2, \cdots, m-1$ について不等式が成立する。

$$\begin{cases} a_{l+1} - a_{l+2} \geq 2(1-\lambda)a_{l+1} > 0 \\ a_{l+2} - a_{l+3} \geq 2(1-\lambda)a_{l+1} > 0 \\ \cdots\cdots \\ a_{m-1} - a_m \geq 2(1-\lambda)a_{l+1} > 0 \end{cases}$$

辺々を加えると

$$a_{l+1} - a_m \geq 2(1-\lambda)(m-1-l)a_{l+1} > 0$$

$a_m > 0$ より

$$a_{l+1} > 2(1-\lambda)(m-1-l)a_{l+1}$$

$a_{l+1} > 0$ より

$$2(1-\lambda)(m-1-l) < 1$$

すなわち

$$m-1-l < \frac{1}{2(1-\lambda)} \quad \cdots ①$$

である。

次に，$1 < n < l$ を満たす n を考える。
$k = n, n+1, \cdots, l-1$ について与えられた不等式が成立する。それらを加えると
$$a_{n-1} + a_n + 2(a_{n+1} + \cdots + a_{l-2}) + a_{l-1} + a_l \leq 2\lambda(a_n + \cdots + a_{l-1})$$
が成り立つ。こちらも同様に，左辺において
$$a_n + a_{l-1} = 2(a_n + a_{l-1}) - a_n - a_{l-1}$$
と変形してまとめると
$$2(1-\lambda)(a_n + \cdots + a_{l-1}) \leq (a_n - a_{n-1}) + (a_{l-1} - a_l)$$
ところで，左辺は $2(1-\lambda)a_{l-1}$ 以上，また a_l が最大で $a_{l-1} - a_l \leq 0$ より
$$2(1-\lambda)a_{l-1} \leq a_n - a_{n-1}$$
これを $n = 2, \cdots, l-1$ について辺々を加えると
$$2(1-\lambda)(l-2)a_{l-1} \leq a_{l-1} - a_1 < a_{l-1}$$
$a_{l-1} > 0$ より $2(1-\lambda)(l-2) < 1$，すなわち
$$l - 2 < \frac{1}{2(1-\lambda)} \quad \cdots ②$$
①，②を加えると
$$m < \frac{1}{1-\lambda} + 3$$
右辺 $\frac{1}{1-\lambda} + 3$ は λ だけで定まる定数であり，これを $\phi(\lambda)$ とおけばよい。

参考 a_k のグラフ

強凸列のイメージはピンとこないかもしれないので，例えば，定数 $\lambda = 0.95$ として，$\lambda \geq \dfrac{a_{k-1} + a_{k+1}}{2a_k}$ $(k = 2, 3, 4, \cdots, m-1)$ を満たす数列 a_k を適当につくってグラフ化してみると，以下のようになる。

k	a_k	$\dfrac{a_{k-1} + a_{k+1}}{2a_k}$
1	0.50	—
2	1.50	0.833
3	2.00	0.950
4	2.30	0.946
5	2.35	0.936
6	2.10	0.917
7	1.50	0.867
8	0.50	0.500
9	−1.00	
10		

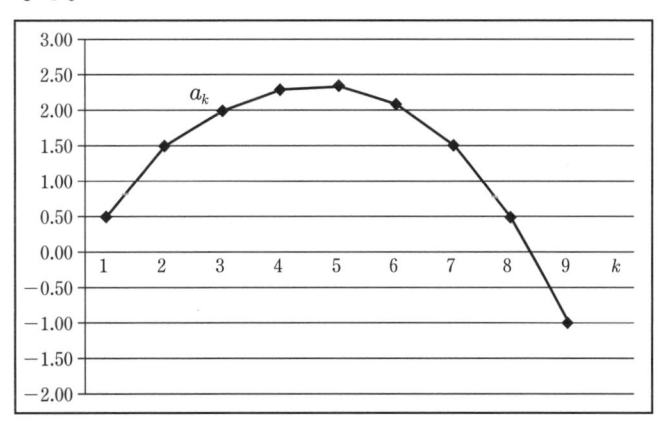

グラフから a_k は $k=5$ で最大値 2.35 をとり，$1 \leq k \leq 8$ まで正の値をとるが，$k \geq 9$ で負の値へ転じてしまうので正の値をもつ強凸列は 8 個である。

理論上は，$\phi(0.95) = \dfrac{1}{1-0.95} + 3 = 23$ となるから，数列の値をうまく調整したとしてもせいぜい 23 個の強凸列しか形成できない。

問題3.

曲線 C の方程式 $13x^2 - 6\sqrt{3}\,xy + 7y^2 - 16 = 0$ は，

対称行列 $A = \begin{pmatrix} 13 & -3\sqrt{3} \\ -3\sqrt{3} & 7 \end{pmatrix}$, $X = \begin{pmatrix} x \\ y \end{pmatrix}$ として次のように表される。

$${}^t\!XAX = 16 \quad ({}^t\!X \text{ は } X \text{ の転置行列})$$

左辺の2次式を A の固有ベクトルを用いて標準化する。E を2次単位行列として A の固有多項式は

$$|A - \lambda E| = \begin{vmatrix} 13-\lambda & -3\sqrt{3} \\ -3\sqrt{3} & 7-\lambda \end{vmatrix} = (13-\lambda)(7-\lambda) - 27$$

$$= \lambda^2 - 20\lambda + 64 = (\lambda - 4)(\lambda - 16)$$

よって，A の固有値は $\lambda = 4, 16$ となる。

◎ $\lambda = 4$ に対応する固有ベクトル

$$\begin{pmatrix} 0 \\ 0 \end{pmatrix} = (A - 4E)X = \begin{pmatrix} 9 & -3\sqrt{3} \\ -3\sqrt{3} & 3 \end{pmatrix}\begin{pmatrix} x \\ y \end{pmatrix} = \begin{pmatrix} 9x - 3\sqrt{3}\,y \\ -3\sqrt{3}\,x + 3y \end{pmatrix}$$

すなわち，$\sqrt{3}\,x = y$ より，$\begin{pmatrix} x \\ y \end{pmatrix} = \alpha \begin{pmatrix} 1 \\ \sqrt{3} \end{pmatrix}$ （α：定数）

◎ $\lambda = 16$ に対応する固有ベクトル

$$\begin{pmatrix} 0 \\ 0 \end{pmatrix} = (A - 16E)X = \begin{pmatrix} -3 & -3\sqrt{3} \\ -3\sqrt{3} & -9 \end{pmatrix}\begin{pmatrix} x \\ y \end{pmatrix} = \begin{pmatrix} -3x - 3\sqrt{3}\,y \\ -3\sqrt{3}\,x - 9y \end{pmatrix}$$

すなわち，$x = -\sqrt{3}\,y$ より，$\begin{pmatrix} x \\ y \end{pmatrix} = \beta \begin{pmatrix} -\sqrt{3} \\ 1 \end{pmatrix}$ （β：定数）

これら固有ベクトルを正規化して列ベクトルとする直交行列 $P = \dfrac{1}{2}\begin{pmatrix} 1 & -\sqrt{3} \\ \sqrt{3} & 1 \end{pmatrix}$ は

$$^tPAP = \begin{pmatrix} 4 & 0 \\ 0 & 16 \end{pmatrix}, \quad {}^tP = P^{-1}$$

を満たす。ここで，直交座標 $(\overline{x}, \overline{y})$ を

$$\overline{X} = \begin{pmatrix} \overline{x} \\ \overline{y} \end{pmatrix} = {}^tPX = \frac{1}{2}\begin{pmatrix} 1 & \sqrt{3} \\ -\sqrt{3} & 1 \end{pmatrix}\begin{pmatrix} x \\ y \end{pmatrix} = \frac{1}{2}\begin{pmatrix} x + \sqrt{3}\,y \\ -\sqrt{3}\,x + y \end{pmatrix}$$

で定めると，$\overline{X} = {}^tPX$ から $X = P\overline{X}$ であり，曲線 C の方程式は

$$16 = {}^tXAX = {}^t(P\overline{X})A(P\overline{X})$$
$$= ({}^t\overline{X}\,{}^tP)A(P\overline{X}) = {}^t\overline{X}({}^tPAP)\overline{X} = \begin{pmatrix} \overline{x} & \overline{y} \end{pmatrix}\begin{pmatrix} 4 & 0 \\ 0 & 16 \end{pmatrix}\begin{pmatrix} \overline{x} \\ \overline{y} \end{pmatrix}$$
$$= 4\overline{x}^2 + 16\overline{y}^2$$

すなわち，$\dfrac{\overline{x}^2}{2^2} + \overline{y}^2 = 1$ と表される。

直交行列 $P = \dfrac{1}{2}\begin{pmatrix} 1 & -\sqrt{3} \\ \sqrt{3} & 1 \end{pmatrix} = \begin{pmatrix} \cos 60° & -\sin 60° \\ \sin 60° & \cos 60° \end{pmatrix}$ は原点の周りに $60°$ 回転を表す行列で，$\overline{x}$ 軸，$\overline{y}$ 軸はそれぞれ x 軸，y 軸を原点の周りに $60°$ 回転させたものである。曲線 C は楕円であり，長軸を含む直線 l は $\overline{x}$ 軸に一致する。回転体の体積 V は，$\overline{x}\,\overline{y}$ 座標で考えて

$$V = \pi\int_{-2}^{2}\overline{y}^2\,d\overline{x} = \pi\int_0^2 2\Big(1 - \frac{\overline{x}^2}{4}\Big)d\overline{x} = 2\pi\Big[\overline{x} - \frac{\overline{x}^3}{12}\Big]_0^2 = \frac{8}{3}\pi$$

また，l に垂直な平面は $\overline{x}$ 軸に垂直な直線 $\overline{x} = a$ を $\overline{x}$ 軸のまわりに回転して得られる。$-2 \leqq \overline{x} \leqq a$ の範囲の回転体の体積を $W(a)$ とすると

$$W(a) = \pi\int_{-2}^{a}\Big(1 - \frac{\overline{x}^2}{4}\Big)d\overline{x} = \pi\Big[\overline{x} - \frac{\overline{x}^3}{12}\Big]_{-2}^{a} = \pi\Big(-\frac{a^3}{12} + a + \frac{4}{3}\Big)$$

$W(a)$ が V の $\dfrac{5}{5+22+5}\Big(= \dfrac{5}{32}\Big)$ 倍になるとき

$$\pi\Big(-\frac{a^3}{12} + a + \frac{4}{3}\Big) = \frac{8}{3}\pi \times \frac{5}{32}$$

これを整理して，$a^3 - 12a - 11 = 0$

$$(a+1)(a^2 - a - 11) = 0$$
$$a = -1, \ \frac{1 \pm 3\sqrt{5}}{2}$$
$$-2 < a < 2 \text{ より，} a = -1$$

また，楕円の対称性から，$a=1$ のときは $W(a)$ は V の $\dfrac{5+22}{5+22+5}\left(=\dfrac{27}{32}\right)$ 倍となる。

$\overline{x}\,\overline{y}$ 座標で $(-1, 0), (1, 0)$ の点は，xy 座標でそれぞれ $X = P\overline{X}$ から

$$\dfrac{1}{2}\begin{pmatrix} 1 & -\sqrt{3} \\ \sqrt{3} & 1 \end{pmatrix}\begin{pmatrix} -1 \\ 0 \end{pmatrix} = \begin{pmatrix} -\dfrac{1}{2} \\ -\dfrac{\sqrt{3}}{2} \end{pmatrix} \quad \text{と} \quad \dfrac{1}{2}\begin{pmatrix} 1 & -\sqrt{3} \\ \sqrt{3} & 1 \end{pmatrix}\begin{pmatrix} 1 \\ 0 \end{pmatrix} = \begin{pmatrix} \dfrac{1}{2} \\ \dfrac{\sqrt{3}}{2} \end{pmatrix}$$

と求められる。

また，直線 l の方程式は方向ベクトルとして (x, y) 成分が $(1, \sqrt{3})$ のベクトルをとる。

以上より，$(1, \sqrt{3}, 0)$ を法線ベクトルとして，2点 $\left(-\dfrac{1}{2}, -\dfrac{\sqrt{3}}{2}, 0\right)$ と $\left(\dfrac{1}{2}, \dfrac{\sqrt{3}}{2}, 0\right)$ を通る平面の方程式は，以下の2つである。

$1 \cdot \left(x + \dfrac{1}{2}\right) + \sqrt{3} \cdot \left(y + \dfrac{\sqrt{3}}{2}\right) + 0 \cdot (z - 0) = 0$ から，1つめの平面の方程式は

$\quad x + \sqrt{3}\,y + 2 = 0$

$1 \cdot \left(x - \dfrac{1}{2}\right) + \sqrt{3} \cdot \left(y - \dfrac{\sqrt{3}}{2}\right) + 0 \cdot (z - 0) = 0$ から，2つめの平面の方程式は

$\quad x + \sqrt{3}\,y - 2 = 0$

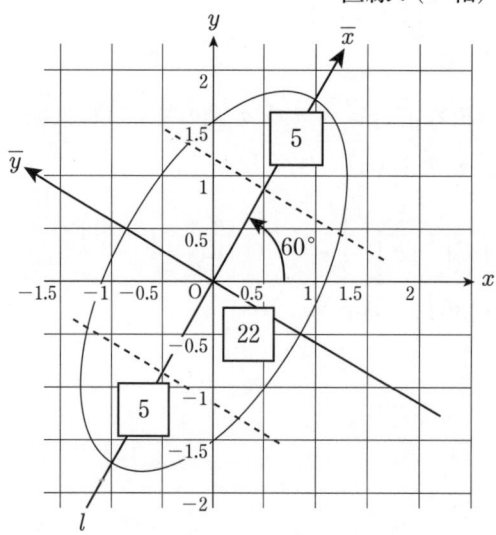

(答) $x + \sqrt{3}\,y + 2 = 0, \quad x + \sqrt{3}\,y - 2 = 0$

> **参考** 2次形式の標準形

行列の対角化の応用のひとつとして2次形式の標準形が挙げられる。主軸変換ともいう。

行列 $A = \begin{pmatrix} a_{11} & a_{12} & \cdots & a_{1n} \\ a_{12} & a_{22} & \cdots & a_{2n} \\ \vdots & \vdots & \ddots & \vdots \\ a_{1n} & a_{2n} & \cdots & a_{nn} \end{pmatrix}$ を n 次実対称行列　$x = {}^t(x_1 \ x_2 \ \cdots \ x_n)$ として

$$Q = {}^txAx = (x_1 \ x_2 \ \cdots \ x_n) \begin{pmatrix} a_{11} & a_{12} & \cdots & a_{1n} \\ a_{12} & a_{22} & \cdots & a_{2n} \\ \vdots & \vdots & \ddots & \vdots \\ a_{1n} & a_{2n} & \cdots & a_{nn} \end{pmatrix} \begin{pmatrix} x_1 \\ x_2 \\ \vdots \\ x_n \end{pmatrix} = \sum_{i,j=1}^n a_{ij}x_ix_j$$

$$= \sum_{i,j=1}^n a_{ii}x_i^2 + 2\sum_{i<j}^n a_{ij}x_ix_j$$

と表されるとき，Q を2次形式という。また，A を係数行列という。

ある直交行列 P によって A が対角化されるとき（固有値を $\lambda_1, \lambda_2, \cdots, \lambda_n$ とする），$x = Py$，すなわち ${}^t(x_1 \ x_2 \ \cdots \ x_n) = P{}^t(y_1 \ y_2 \ \cdots \ y_n)$ とおくと，2次形式 Q は

$$Q = {}^txAx = {}^t(Py)A(Py) = ({}^ty{}^tP)A(Py) = {}^ty({}^tPAP)y$$

$$= (y_1 \ y_2 \ \cdots \ y_n) \begin{pmatrix} \lambda_1 & & \cdots & O \\ & \lambda_2 & & \\ \vdots & & \ddots & \vdots \\ O & & \cdots & \lambda_n \end{pmatrix} \begin{pmatrix} y_1 \\ y_2 \\ \vdots \\ y_n \end{pmatrix} = \lambda_1 y_1^2 + \lambda_2 y_2^2 + \cdots + \lambda_n y_n^2$$

すなわち，実2次形式の標準形で表せる。

問題4．

（1） 信頼区間の幅は

$$z\left(\frac{0.01}{2}\right)\sqrt{\frac{\overline{p}(1-\overline{p})}{688}} = 2.576\sqrt{\frac{\overline{p}(1-\overline{p})}{688}} = 0.048953\cdots$$

より

$\overline{p} - 0.048953\cdots = 0.490291\cdots$

$\overline{p} + 0.048953\cdots = 0.588197\cdots$

よって，求める p の99%信頼区間は

第5回　2次：数理技能検定《解答・解説》

$$0.49 \leqq p \leqq 0.59$$

（答）　$0.49 \leqq p \leqq 0.59$

（2）　求める人数を n 名として

$$z\left(\frac{0.01}{2}\right)\sqrt{\frac{\overline{p}(1-\overline{p})}{n}} \leqq 0.02$$

を満たす n の範囲を求めればよい。

$$2.576\sqrt{\frac{\overline{p}(1-\overline{p})}{n}} \leqq 0.02$$

より

$$n \geqq \frac{\overline{p}(1-\overline{p})\cdot(2.576)^2}{(0.02)^2} = 4121.8\cdots$$

よって，4130名以上調査すればよい。

（答）　4130名以上

参考　信頼区間の求め方

6級受検者のうち，ある出題問題を「おもしろいと感じた」人の割合（比率），すなわち母集団比率 p の信頼区間を求める問題である。
p の信頼区間は，標本比率を $\overline{p}$ として

$$\overline{p} - z\left(\frac{\alpha}{2}\right)\sqrt{\frac{\overline{p}(1-\overline{p})}{n}} \leqq p \leqq \overline{p} + z\left(\frac{\alpha}{2}\right)\sqrt{\frac{\overline{p}(1-\overline{p})}{n}}$$

で求めることができる。

本問では，信頼係数99％の信頼区間では，$\alpha = 0.01$ となって

$$\overline{p} - z\left(\frac{0.01}{2}\right)\sqrt{\frac{\overline{p}(1-\overline{p})}{n}} \leqq p \leqq \overline{p} + z\left(\frac{0.01}{2}\right)\sqrt{\frac{\overline{p}(1-\overline{p})}{n}}$$

から

$$\overline{p} - 2.576\sqrt{\frac{\overline{p}(1-\overline{p})}{n}} \leqq p \leqq \overline{p} + 2.576\sqrt{\frac{\overline{p}(1-\overline{p})}{n}}$$

さらに，標本比率 $\overline{p} = \dfrac{371}{688}$，$n = 688$ で $z\left(\dfrac{\alpha}{2}\right) = z\left(\dfrac{0.01}{2}\right) = z(0.005) = 2.576$ を代入すると

$$z\left(\dfrac{0.01}{2}\right)\sqrt{\dfrac{\overline{p}(1-\overline{p})}{688}} = 2.576\sqrt{\dfrac{\dfrac{371}{688} \times \dfrac{317}{688}}{688}} = 0.048953\cdots$$

と求めることができる。

問題5.
自己同型写像により，右のグラフ (V, E) の中に含まれる「五角形」は「五角形」にうつる。そして $[0,5], [1,6], [2,7], [3,8], [4,9] \in E$ より，外側の「五角形」の像が決まれば，内側の「五角形」の像は自動的に決まり，(V, E) の自己同型写像はただ1通りに定まる。 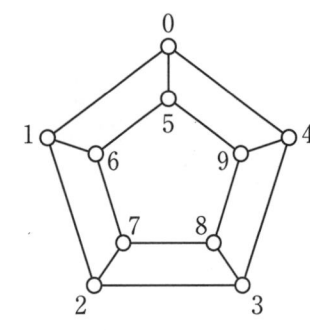
以下，外側の「五角形」を外側の「五角形」にうつす自己同型（以下，「外→外」型と略記）の総数と，外側の「五角形」を内側の「五角形」にうつす自己同型（以下，「外→内」型と略記）の総数をそれぞれ求める。

まず，右の図のような五角形型グラフの自己同型写像について考える。 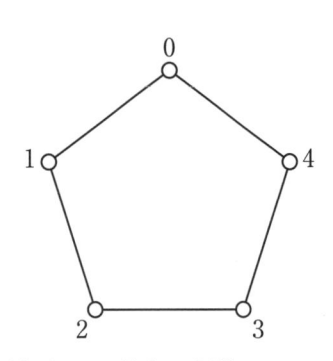
正五角形を自分自身に重ねる方法は，回転移動が5通り，対称軸に関する反転が5通りの計10通りである。
よって，五角形型グラフの自己同型写像は全部で10個あり，(V, E) の「外→外」型の自己同型写像も10個あることがわかる。
一方，(V, E) において，外側の「五角形」と内側の「五角形」を入れ替える置換

  (0 5)(1 6)(2 7)(3 8)(4 9) …①

も自己同型写像である。そして，①との合成を考えることにより，(V, E) の「外→内」型の自己同型と，「外→外」型の自己同型とが1対1に対応することがわかる。
よって，「外→内」型自己同型の総数は「外→外」型自己同型の総数に等しく，10個である。
以上より，求める自己同型写像の総数は20個である。

第5回　2次：数理技能検定《解答・解説》

(答)　20個

参考　自己同型写像の総数の図

自己同型写像の総数20個を図に示す。

1段目

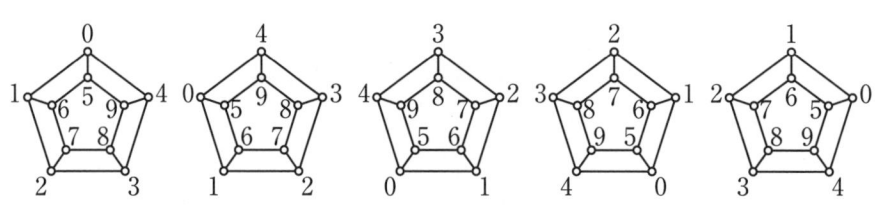

2段目

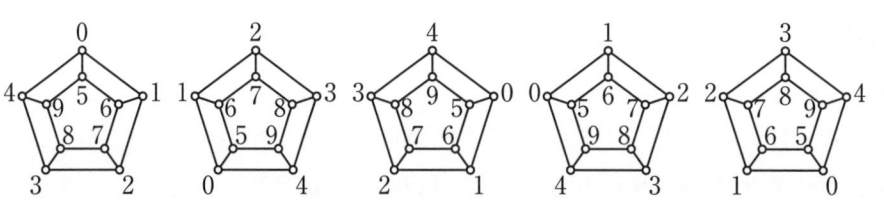

3段目

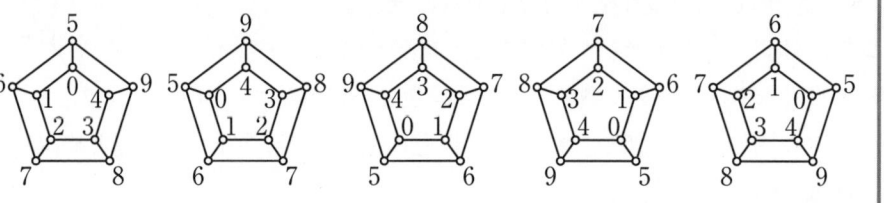

4段目

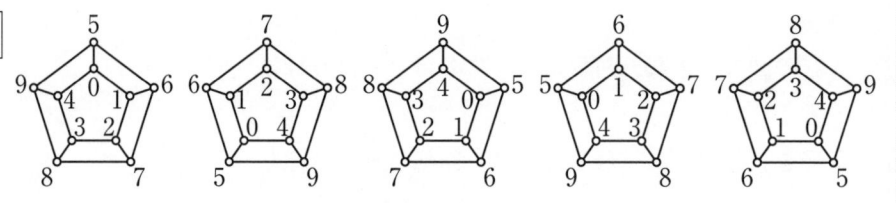

上図で

◎ 1段目（計5個）…「外→外」型，回転移動
◎ 2段目（計5個）…「外→外」型，対称移動
◎ 3段目（計5個）…「外→内」型，回転移動
◎ 4段目（計5個）…「外→内」型，対称移動

問題6.

(1)
$$\begin{vmatrix} 1 & \cos\theta & \cos\theta & \cos\theta \\ \cos\theta & 1 & \cos\alpha & \cos\alpha \\ \cos\theta & \cos\alpha & 1 & \cos\alpha \\ \cos\theta & \cos\alpha & \cos\alpha & 1 \end{vmatrix}$$

$$= \begin{vmatrix} 1 & \cos\theta & \cos\theta & \cos\theta \\ 0 & 1-\cos^2\theta & \cos\alpha-\cos^2\theta & \cos\alpha-\cos^2\theta \\ 0 & \cos\alpha-\cos^2\theta & 1-\cos^2\theta & \cos\alpha-\cos^2\theta \\ 0 & \cos\alpha-\cos^2\theta & \cos\alpha-\cos^2\theta & 1-\cos^2\theta \end{vmatrix} \quad \begin{pmatrix} \text{第1行} \times(-\cos\theta) \text{ を第2行から} \\ \text{第4行へそれぞれ加えた} \end{pmatrix}$$

$$= \begin{vmatrix} 1-\cos^2\theta & \cos\alpha-\cos^2\theta & \cos\alpha-\cos^2\theta \\ \cos\alpha-\cos^2\theta & 1-\cos^2\theta & \cos\alpha-\cos^2\theta \\ \cos\alpha-\cos^2\theta & \cos\alpha-\cos^2\theta & 1-\cos^2\theta \end{vmatrix} \quad \begin{pmatrix} \text{第1列で展開した} \end{pmatrix}$$

$$= \begin{vmatrix} 1-\cos^2\theta & \cos\alpha-\cos^2\theta & \cos\alpha-\cos^2\theta \\ \cos\alpha-1 & 1-\cos\alpha & 0 \\ \cos\alpha-1 & 0 & 1-\cos\alpha \end{vmatrix} \quad \begin{pmatrix} \text{第1行} \times(-1) \text{ を第2行と} \\ \text{第3行にそれぞれ加えた} \end{pmatrix}$$

$$= (\cos\alpha-1)^2 \begin{vmatrix} 1-\cos^2\theta & \cos\alpha-\cos^2\theta & \cos\alpha-\cos^2\theta \\ 1 & -1 & 0 \\ 1 & 0 & -1 \end{vmatrix} \quad \begin{pmatrix} \text{第2行と第3行をそれぞれ} \\ (\cos\alpha-1) \text{ でくくった} \end{pmatrix}$$

$$= (\cos\alpha-1)^2 (1+2\cos\alpha-3\cos^2\theta)$$

これが 0 に等しいので
$$(\cos\alpha-1)^2(1+2\cos\alpha-3\cos^2\theta) = 0$$

$0° < \alpha < 180°$ から，$\cos\alpha \neq 1$ であるから
$$1+2\cos\alpha-3\cos^2\theta = 0$$

よって，$\cos\theta = \pm\sqrt{\dfrac{1+2\cos\alpha}{3}}$

(答) $\cos\theta = \pm\sqrt{\dfrac{1+2\cos\alpha}{3}}$

(2) $\cos\theta$ が実数解 θ をもつための必要十分条件は，$-1 \leqq \cos\theta \leqq 1$

これと (1) の結果から，$1+2\cos\alpha \geqq 0$

すなわち $\cos\alpha \geqq -\dfrac{1}{2}$ で，$0° < \alpha < 180°$ から，$0° < \alpha \leqq 120°$ と求まる。

（答）　$0° < \alpha \leqq 120°$

参考 行列式の計算における工夫

（1）の行列式の計算で，$\cos\theta = x$，$\cos\alpha = a$ とおいて，

$$\begin{vmatrix} 1 & x & x & x \\ x & 1 & a & a \\ x & a & 1 & a \\ x & a & a & 1 \end{vmatrix}$$

とした計算のほうが，計算ミスが軽減すると思われる。

問題7.

$f(x, y)$ の2階までの偏導関数を求めると

$$f_x = x^3 - 4x^2 + 5x - 2, \quad f_y = y^2 + 3y + 2$$

$$f_{xx} = 3x^2 - 8x + 5, \quad f_{yy} = 2y + 3, \quad f_{xy} = f_{yx} = 0$$

$f(x, y)$ の極値を与える点の候補 (x, y)，すなわち停留点は連立方程式

$$f_x = 0 \cdots ①, \quad f_y = 0 \cdots ②$$

を解いて得られる。

①の解は，$f_x = x^3 - 4x^2 + 5x - 2 = (x-1)^2(x-2)$ から，$x = 1, 2$ である。

②の解は，$f_y = y^2 + 3y + 2 = (y+1)(y+2)$ から，$y = -1, -2$ である。

よって，停留点は $(x, y) = (1, -1), (1, -2), (2, -1), (2, -2)$ の4点が考えられる。

各停留点において

$$\Delta(x, y) = f_{xx}(x, y) \cdot f_{yy}(x, y) - \{f_{xy}(x, y)\}^2 = (3x^2 - 8x + 5)(2y + 3)$$

の値を計算する。

・点 $(1, -1)$ では，$\Delta(1, -1) = 0 \cdot 1 = 0$

・点 $(1, -2)$ では，$\Delta(1, -2) = 0 \cdot (-1) = 0$

と $\Delta(x, y) = 0$ になるので，これら2点 $(1, -1)$，$(1, -2)$ で極値をとるかどうかは判定できない。

次に，2点 $(2, -1)$，$(2, -2)$ での極値を考える。

・点 $(2, -1)$ では
$$\Delta(2, -1) = (12-16+5)(-2+3) = 1 > 0, \quad f_{xx}(2, -1) = 12-16+5 = 1 > 0$$
から，極小値 $f(2, -1) = \dfrac{1}{2}$ をとる。

・点 $(2, -2)$ では
$$\Delta(2, -2) = (12-16+5)(-4+3) = -1 < 0$$
から極値をとらない。

よって，点 $(2, -1)$ で，極小値 $f(2, -1) = \dfrac{1}{2}$ をとることがわかったが，最初の 2 点 $(1, -1)$，$(1, -2)$ で極値をとるかどうかは不明であった。

$f(x, y)$ が $x = 1$ で極値をとるかどうかを調べるため，任意の実数 a をとって，直線 $y = a$ 上の関数 f の挙動を吟味する。
$$\frac{d}{dx}f(x, a) = x^3 - 4x^2 + 5x - 2 = (x-1)^2(x-2)$$

これから $f(x, a)$ は $x < 1$ および $1 < x < 2$ で減少することがわかり，$f(x, y)$ は $(1, a)$ において極値をとらない。

すなわち，$f(x, y)$ は $(1, -2)$，$(1, -1)$ のいずれの点においても極値はとらない。

(答) $(x, y) = (2, -1)$ のとき極小値 $\dfrac{1}{2}$

参考①　偏微分法による極値判定法

2 変数の実関数 $f(x, y)$ について，$f_x(a, b) = 0$, $f_y(a, b) = 0$ を満たす点 (a, b) を停留点という。

$\Delta(x, y) = f_{xx}(x, y) \cdot f_{yy}(x, y) - \{f_{xy}(x, y)\}^2$ をヘシアン(※)といい，

◎ $\Delta(a, b) > 0$, $f_{xx}(a, b) > 0$, ⇒ 点 (a, b) で極小
◎ $\Delta(a, b) > 0$, $f_{xx}(a, b) < 0$, ⇒ 点 (a, b) で極大
◎ $\Delta(a, b) < 0$ ⇒ 点 (a, b) で極値をとらない。
◎ $\Delta(a, b) = 0$ ⇒ 極値をとるかとらないかの判定はできず，さらに吟味が必要である。

本問では $\Delta(a, b) = 0$ の吟味が必要になるので注意が必要である。

第5回　2次：数理技能検定《解答・解説》

※　ヘシアンとはヘッセ行列の行列式で，$\Delta(x, y) = \begin{vmatrix} f_{xx}(x, y) & f_{xy}(x, y) \\ f_{xy}(x, y) & f_{yy}(x, y) \end{vmatrix}$ である。

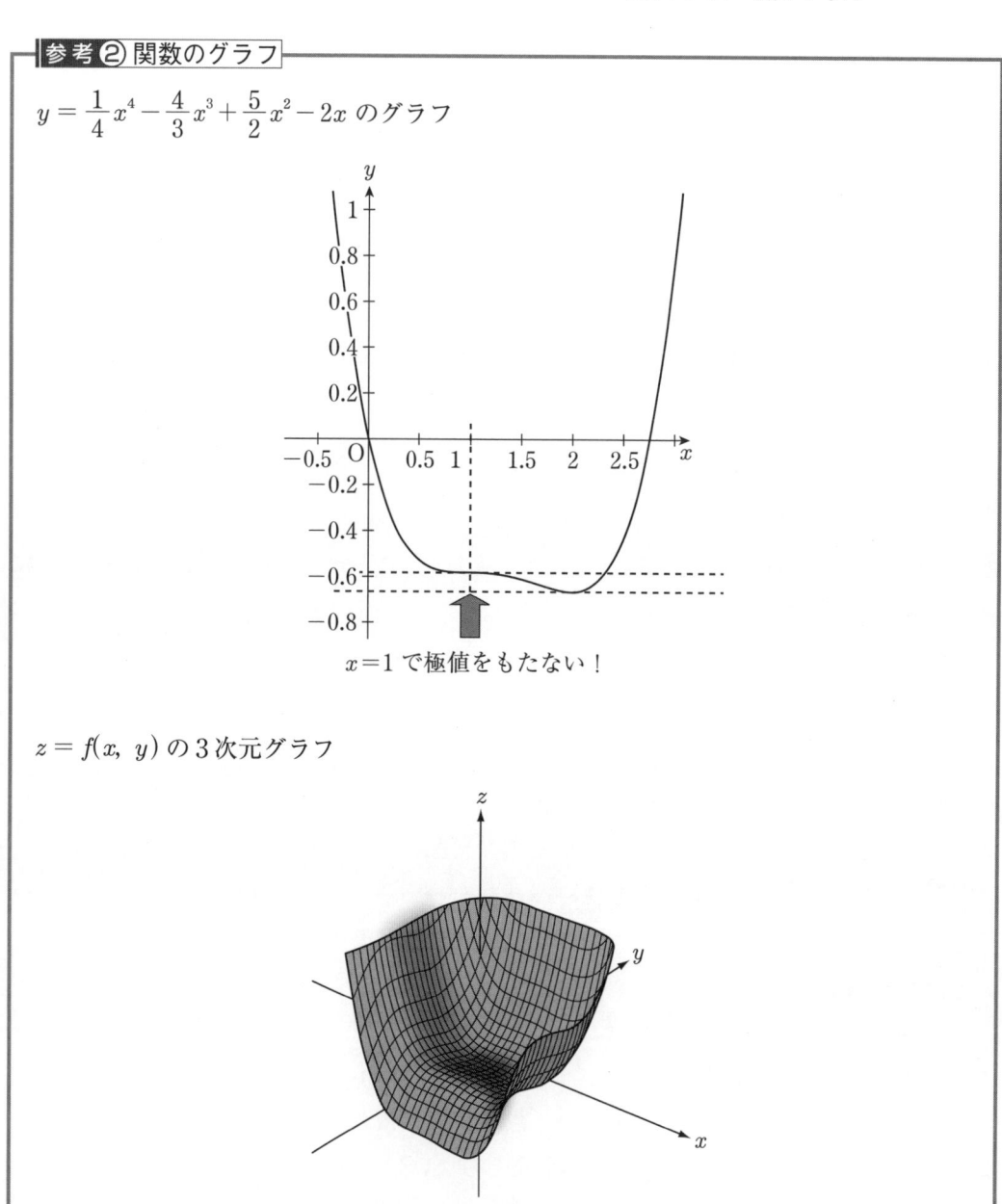

参考② 関数のグラフ

$y = \dfrac{1}{4}x^4 - \dfrac{4}{3}x^3 + \dfrac{5}{2}x^2 - 2x$ のグラフ

$x = 1$ で極値をもたない！

$z = f(x, y)$ の3次元グラフ

第 6 回

1次：計算技能検定《問題》　　　…… 142
1次：計算技能検定《解答・解説》　…… 146
2次：数理技能検定《問題》　　　…… 157
2次：数理技能検定《解答・解説》　…… 163

第6回 1次：計算技能検定 《問題》

問題1.

本検定は 2013 年 11 月 2 日の午後(ごご)に実施します。そこで，2013 の (11×2) 乗を (5×5) で割った余りを求め，0 以上の整数で答えなさい。

問題2.

z の2次方程式

$$iz^2 + 2(1-i)z + 2 = 0 \quad (i は虚数単位を表します)$$

の複素数解を求めなさい。ただし，解は $a+bi$（a, b は実数）の形で表しなさい。

問題3.

実数を係数とする3つの1変数多項式

$$f(X) = a_1 X^3 + a_2 X + a_3, \quad g(X) = b_1 X^3 + b_2 X + b_3, \quad h(X) = c_1 X^3 + c_2 X + c_3$$

と行列式

$$D = \begin{vmatrix} a_1 & a_2 & a_3 \\ b_1 & b_2 & b_3 \\ c_1 & c_2 & c_3 \end{vmatrix}$$

について，次の行列式を X と D を用いた形で表しなさい。ここで，$f'(X)$ は $f(X)$ の導関数，$f''(X)$ は $f(X)$ の第2次導関数を表し，他も同様です。

$$\begin{vmatrix} f(X) & g(X) & h(X) \\ f'(X) & g'(X) & h'(X) \\ f''(X) & g''(X) & h''(X) \end{vmatrix}$$

問題4.

ある実数 λ に対して

$$\lim_{x \to 0} \frac{\tan x - x - \lambda x^3}{x^5}$$

が有限な値であるとき，次の問いに答えなさい。

① λ の値を求めなさい。

② 上の極限値を求めなさい。

問題5.

3次正方行列 $A = \begin{pmatrix} 1 & 0 & -1 \\ 1 & -2 & 1 \\ 1 & -1 & 0 \end{pmatrix}$ について，次の問いに答えなさい。

① A の固有値をすべて求めなさい。

② n を2以上の整数とするとき，A^n を求めなさい。

第6回　1次：計算技能検定《問題》

問題6.
ある工場Fで造られる製品Aの重さは長年の実績から平均199.95g，標準偏差0.2gの正規分布に従っていることがわかっています。
このとき，工場Fで造られる製品Aのうち，重さが199.80g以上，200.20g以下の条件をみたすものは何%であると考えられますか。次ページの正規分布表の値を用いて求め，答えは上から3桁の概数で答えなさい。

問題7.
x を独立変数，y を未知変数とする微分方程式 $y'' - 4y' + 4y = 4x$ を，初期条件「$x=0$ のとき，$y=-1$, $y'=1$」の下で解きなさい。

正規分布表

下の表は確率変数 X が平均 0，分散 1 の正規分布に従うときの $0 \leq X \leq u$ である確率を表します。

u	0.00	0.01	0.02	0.03	0.04	0.05	0.06	0.07	0.08	0.09
0.0	0.00000	0.00399	0.00798	0.01197	0.01595	0.01994	0.02392	0.02790	0.03188	0.03586
0.1	0.03983	0.04380	0.04776	0.05172	0.05567	0.05962	0.06356	0.06749	0.07142	0.07535
0.2	0.07926	0.08317	0.08706	0.09095	0.09483	0.09871	0.10257	0.10642	0.11026	0.11409
0.3	0.11791	0.12172	0.12552	0.12930	0.13307	0.13683	0.14058	0.14431	0.14803	0.15173
0.4	0.15542	0.15910	0.16276	0.16640	0.17003	0.17364	0.17724	0.18082	0.18439	0.18793
0.5	0.19146	0.19497	0.19847	0.20194	0.20540	0.20884	0.21226	0.21566	0.21904	0.22240
0.6	0.22575	0.22907	0.23237	0.23565	0.23891	0.24215	0.24537	0.24857	0.25175	0.25490
0.7	0.25804	0.26115	0.26424	0.26730	0.27035	0.27337	0.27637	0.27935	0.28230	0.28524
0.8	0.28814	0.29103	0.29389	0.29673	0.29955	0.30234	0.30511	0.30785	0.31057	0.31327
0.9	0.31594	0.31859	0.32121	0.32381	0.32639	0.32894	0.33147	0.33398	0.33646	0.33891
1.0	0.34134	0.34375	0.34614	0.34849	0.35083	0.35314	0.35543	0.35769	0.35993	0.36214
1.1	0.36433	0.36650	0.36864	0.37076	0.37286	0.37493	0.37698	0.37900	0.38100	0.38298
1.2	0.38493	0.38686	0.38877	0.39065	0.39251	0.39435	0.39617	0.39796	0.39973	0.40147
1.3	0.40320	0.40490	0.40658	0.40824	0.40988	0.41149	0.41309	0.41466	0.41621	0.41774
1.4	0.41924	0.42073	0.42220	0.42364	0.42507	0.42647	0.42785	0.42922	0.43056	0.43189
1.5	0.43319	0.43448	0.43574	0.43699	0.43822	0.43943	0.44062	0.44179	0.44295	0.44408
1.6	0.44520	0.44630	0.44738	0.44845	0.44950	0.45053	0.45154	0.45254	0.45352	0.45449
1.7	0.45543	0.45637	0.45728	0.45818	0.45907	0.45994	0.46080	0.46164	0.46246	0.46327
1.8	0.46407	0.46485	0.46562	0.46638	0.46712	0.46784	0.46856	0.46926	0.46995	0.47062
1.9	0.47128	0.47193	0.47257	0.47320	0.47381	0.47441	0.47500	0.47558	0.47615	0.47670
2.0	0.47725	0.47778	0.47831	0.47882	0.47932	0.47982	0.48030	0.48077	0.48124	0.48169
2.1	0.48214	0.48257	0.48300	0.48341	0.48382	0.48422	0.48461	0.48500	0.48537	0.48574
2.2	0.48610	0.48645	0.48679	0.48713	0.48745	0.48778	0.48809	0.48840	0.48870	0.48899
2.3	0.48928	0.48956	0.48983	0.49010	0.49036	0.49061	0.49086	0.49111	0.49134	0.49158
2.4	0.49180	0.49202	0.49224	0.49245	0.49266	0.49286	0.49305	0.49324	0.49343	0.49361
2.5	0.49379	0.49396	0.49413	0.49430	0.49446	0.49461	0.49477	0.49492	0.49506	0.49520
2.6	0.49534	0.49547	0.49560	0.49573	0.49585	0.49598	0.49609	0.49621	0.49632	0.49643
2.7	0.49653	0.49664	0.49674	0.49683	0.49693	0.49702	0.49711	0.49720	0.49728	0.49736
2.8	0.49744	0.49752	0.49760	0.49767	0.49774	0.49781	0.49788	0.49795	0.49801	0.49807
2.9	0.49813	0.49819	0.49825	0.49831	0.49836	0.49841	0.49846	0.49851	0.49856	0.49861
3.0	0.49865	0.49869	0.49874	0.49878	0.49882	0.49886	0.49889	0.49893	0.49896	0.49900
3.1	0.49903	0.49906	0.49910	0.49913	0.49916	0.49918	0.49921	0.49924	0.49926	0.49929
3.2	0.49931	0.49934	0.49936	0.49938	0.49940	0.49942	0.49944	0.49946	0.49948	0.49950
3.3	0.49952	0.49953	0.49955	0.49957	0.49958	0.49960	0.49961	0.49962	0.49964	0.49965
3.4	0.49966	0.49968	0.49969	0.49970	0.49971	0.49972	0.49973	0.49974	0.49975	0.49976
3.5	0.49977	0.49978	0.49978	0.49979	0.49980	0.49981	0.49981	0.49982	0.49983	0.49983

第6回 1次：計算技能検定 《解答・解説》

問題1.

$2013^{22} \div 25$ の余りを求める問題である。

$$2013^{22} = (2000+13)^{22} = \sum_{r=0}^{22} {}_{22}C_r 2000^{22-r} \cdot 13^r$$

$$= {}_{22}C_0 2000^{22} + {}_{22}C_1 2000^{21} \cdot 13 + {}_{22}C_2 2000^{20} \cdot 13^2 + \cdots + {}_{22}C_{21} 2000 \cdot 13^{21} + {}_{22}C_{22} 13^{22}$$

最後の項以外はすべて 25 で割り切れるので，13^{22} を 25 で割った余りを求める問題と同じと考えてよい。

$$13 \cdot 2 = 26 \equiv 1 \pmod{25}$$

$$13^{22} \cdot 2^{22} = 26^{22} \equiv 1 \pmod{25} \quad \cdots ①$$

$2^{11} = 2048 \equiv -2 \pmod{25}$ より，$2^{22} \equiv (-2)^2 = 4 \pmod{25}$ となる。

これより，$13^{22} \equiv x \pmod{25}$ (x は 0 以上 24 以下の整数) とおくと，①は

$$4x \equiv 1 \pmod{25} \quad \cdots ②$$

となって，②を満たす x を求めればよい。

$4 \times (-6) = -24 \equiv 1 \pmod{25}$ から，②の両辺に -6 をかける。

$$4 \times (-6) x \equiv -6 \pmod{25}$$

$$x \equiv -6 \equiv 19 \pmod{25}$$

以上より，求める余りは 19 である。

(答) **19**

別解 自然数 n と a に対して，a と n が互いに素であるとき，オイラーの定理により

$$a^{\varphi(n)} \equiv 1 \pmod{n}$$

これを適用すると，$a = 2013$，$n = 25 (= 5^2)$ に対してオイラーの関数

$\varphi(25) = 25\left(1 - \dfrac{1}{5}\right) = 20$ から，$2013^{20} \equiv 1 \pmod{25}$ と求まる。よって

$$2013^{22} = 2013^{20} \cdot 2013^2 \equiv 2013^2 = (2000+13)^2$$

$$= 2000^2 + 2 \cdot 13 \cdot 2000 + 13^2 \equiv 13^2 \pmod{25}$$

$$13^2 = 169 \equiv 19 \pmod{25}$$

より，求める余りは 19 である。

第6回　1次：計算技能検定《解答・解説》

問題2.

$z = a + bi$（a, b は実数）を，$iz^2 + 2(1-i)z + 2 = 0$ に代入する。

$i(a^2 - b^2 + 2abi) + 2(1-i)(a+bi) + 2 = 0$

$-2ab + 2a + 2b + 2 + (a^2 - b^2 + 2b - 2a)i = 0$

よって

$$\begin{cases} ab - a - b = 1 & \cdots ① \\ a^2 - b^2 + 2b - 2a = 0 & \cdots ② \end{cases}$$

②から，$(a+b)(a-b) - 2(a-b) = 0$

$(a-b)(a+b-2) = 0$

$a - b = 0$ または $a + b = 2$

（ⅰ）$a - b = 0$ のとき

$b = a$ を①に代入する。

$a^2 - 2a - 1 = 0$

$a = 1 \pm \sqrt{2}$，$b = 1 \pm \sqrt{2}$ （複号同順）

（ⅱ）$a + b = 2$ のとき

$b = 2 - a$ を①に代入する。

$a(2-a) - a - (2-a) = 1$

整理して，$a^2 - 2a + 3 = 0$

上式を満たす実数 a は存在しない。

よって，$z = 1 \pm \sqrt{2} + (1 \pm \sqrt{2})i$ （複号同順）が解となる。

（答）　$z = 1 \pm \sqrt{2} + (1 \pm \sqrt{2})i$ （複号同順）

別解

$iz^2 + 2(1-i)z + 2 = 0$

$z^2 - 2(1+i)z - 2i = 0$ を2次方程式の解の公式を使って解くと

$z = 1 + i \pm \sqrt{(1+i)^2 + 2i} = 1 + i \pm \sqrt{4i}$

ここで，$\sqrt{4i} = a + bi$（a, b は実数）として両辺を2乗すると

$4i = a^2 - b^2 + 2abi$

$a^2 - b^2 = 0$，$ab = 2$ から，$a = b = \pm\sqrt{2}$

よって，$\sqrt{4i} = \pm(\sqrt{2} + \sqrt{2}\,i)$ から

$z = 1 + i \pm \sqrt{4i} = 1 \pm \sqrt{2} + (1 \pm \sqrt{2})i$ （複号同順）

第6回 1次：計算技能検定《解答・解説》

問題3.

$$\begin{vmatrix} f(X) & g(X) & h(X) \\ f'(X) & g'(X) & h'(X) \\ f''(X) & g''(X) & h''(X) \end{vmatrix} = \begin{vmatrix} a_1 X^3 + a_2 X + a_3 & b_1 X^3 + b_2 X + b_3 & c_1 X^3 + c_2 X + c_3 \\ 3a_1 X^2 + a_2 & 3b_1 X^2 + b_2 & 3c_1 X^2 + c_2 \\ 6a_1 X & 6b_1 X & 6c_1 X \end{vmatrix}$$

第1行は3つの行ベクトルの和なので，各ベクトルの行列式の和として

$$\begin{vmatrix} a_1 X^3 & b_1 X^3 & c_1 X^3 \\ 3a_1 X^2 + a_2 & 3b_1 X^2 + b_2 & 3c_1 X^2 + c_2 \\ 6a_1 X & 6b_1 X & 6c_1 X \end{vmatrix} + \begin{vmatrix} a_2 X & b_2 X & c_2 X \\ 3a_1 X^2 + a_2 & 3b_1 X^2 + b_2 & 3c_1 X^2 + c_2 \\ 6a_1 X & 6b_1 X & 6c_1 X \end{vmatrix}$$

$$+ \begin{vmatrix} a_3 & b_3 & c_3 \\ 3a_1 X^2 + a_2 & 3b_1 X^2 + b_2 & 3c_1 X^2 + c_2 \\ 6a_1 X & 6b_1 X & 6c_1 X \end{vmatrix}$$

$$= A + B + C$$

とおく。ここで

$$A = \begin{vmatrix} a_1 X^3 & b_1 X^3 & c_1 X^3 \\ 3a_1 X^2 + a_2 & 3b_1 X^2 + b_2 & 3c_1 X^2 + c_2 \\ 6a_1 X & 6b_1 X & 6c_1 X \end{vmatrix}$$

$$= X^3 \cdot 6X \begin{vmatrix} a_1 & b_1 & c_1 \\ 3a_1 X^2 + a_2 & 3b_1 X^2 + b_2 & 3c_1 X^2 + c_2 \\ a_1 & b_1 & c_1 \end{vmatrix} = 0 \quad \begin{pmatrix} \text{第1行から } X^3, \\ \text{第3行から } 6X \\ \text{をくくり出した} \end{pmatrix}$$

※第1行と第3行が等しくなるので，行列式の値は0

$$B = \begin{vmatrix} a_2 X & b_2 X & c_2 X \\ 3a_1 X^2 + a_2 & 3b_1 X^2 + b_2 & 3c_1 X^2 + c_2 \\ 6a_1 X & 6b_1 X & 6c_1 X \end{vmatrix}$$

$$= X \cdot 6X \begin{vmatrix} a_2 & b_2 & c_2 \\ 3a_1 X^2 + a_2 & 3b_1 X^2 + b_2 & 3c_1 X^2 + c_2 \\ a_1 & b_1 & c_1 \end{vmatrix} \quad \begin{pmatrix} \text{第1行から } X, \\ \text{第3行から } 6X \\ \text{をくくり出した} \end{pmatrix}$$

$$= 6X^2 \begin{vmatrix} a_2 & b_2 & c_2 \\ 3a_1 X^2 & 3b_1 X^2 & 3c_1 X^2 \\ a_1 & b_1 & c_1 \end{vmatrix} + 6X^2 \begin{vmatrix} a_2 & b_2 & c_2 \\ a_2 & b_2 & c_2 \\ a_1 & b_1 & c_1 \end{vmatrix}$$

$$= 6X^2 \cdot 3X^2 \begin{vmatrix} a_2 & b_2 & c_2 \\ a_1 & b_1 & c_1 \\ a_1 & b_1 & c_1 \end{vmatrix} + 6X^2 \begin{vmatrix} a_2 & b_2 & c_2 \\ a_2 & b_2 & c_2 \\ a_1 & b_1 & c_1 \end{vmatrix}$$

$\begin{pmatrix} \text{はじめの行列式の} \\ \text{第2行から}3X^3 \\ \text{をくくり出した} \end{pmatrix}$

$$= 0 + 0 = 0$$

※行列式の値は2つとも0である。

$$C = \begin{vmatrix} a_3 & b_3 & c_3 \\ 3a_1 X^2 + a_2 & 3b_1 X^2 + b_2 & 3c_1 X^2 + c_2 \\ 6a_1 X & 6b_1 X & 6c_1 X \end{vmatrix}$$

$$= 6X \begin{vmatrix} a_3 & b_3 & c_3 \\ 3a_1 X^2 + a_2 & 3b_1 X^2 + b_2 & 3c_1 X^2 + c_2 \\ a_1 & b_1 & c_1 \end{vmatrix}$$

$\begin{pmatrix} \text{第3行から}6X \\ \text{をくくり出した} \end{pmatrix}$

$$= 6X \begin{vmatrix} a_3 & b_3 & c_3 \\ 3a_1 X^2 & 3b_1 X^2 & 3c_1 X^2 \\ a_1 & b_1 & c_1 \end{vmatrix} + 6X \begin{vmatrix} a_3 & b_3 & c_3 \\ a_2 & b_2 & c_2 \\ a_1 & b_1 & c_1 \end{vmatrix}$$

$$= 6X \cdot 3X^2 \begin{vmatrix} a_3 & b_3 & c_3 \\ a_1 & b_1 & c_1 \\ a_1 & b_1 & c_1 \end{vmatrix} + 6X \begin{vmatrix} a_3 & b_3 & c_3 \\ a_2 & b_2 & c_2 \\ a_1 & b_1 & c_1 \end{vmatrix}$$

$\begin{pmatrix} \text{はじめの行列式の} \\ \text{第2行から}3X^3 \\ \text{をくくり出した} \end{pmatrix}$

また，2番めの行列式は，転置しても行列式の値は変わらないため

$$6X \begin{vmatrix} a_3 & a_2 & a_1 \\ b_3 & b_2 & b_1 \\ c_3 & c_2 & c_1 \end{vmatrix} = -6X \begin{vmatrix} a_1 & a_2 & a_3 \\ b_1 & b_2 & b_3 \\ c_1 & c_2 & c_3 \end{vmatrix} = -6XD$$

$\begin{pmatrix} \text{第1列と第3列を} \\ \text{入れ換えた} \end{pmatrix}$

※行と行，列と列を入れ換えると，行列式の値は(-1)倍になる。

よって

$$\begin{vmatrix} f(X) & g(X) & h(X) \\ f'(X) & g'(X) & h'(X) \\ f''(X) & g''(X) & h''(X) \end{vmatrix} = -6XD$$

（答） $-6XD$

別解

$f(X) = a_1 X^3 + a_2 X + a_3$, $g(X) = b_1 X^3 + b_2 X + b_3$, $h(X) = c_1 X^3 + c_2 X + c_3$

で，これらの導関数，第2次導関数はそれぞれ

$$\begin{pmatrix} f(X) \\ g(X) \\ h(X) \end{pmatrix} = \begin{pmatrix} a_1 & a_2 & a_3 \\ b_1 & b_2 & b_3 \\ c_1 & c_2 & c_3 \end{pmatrix} \begin{pmatrix} X^3 \\ X \\ 1 \end{pmatrix}, \quad \begin{pmatrix} f'(X) \\ g'(X) \\ h'(X) \end{pmatrix} = \begin{pmatrix} a_1 & a_2 & a_3 \\ b_1 & b_2 & b_3 \\ c_1 & c_2 & c_3 \end{pmatrix} \begin{pmatrix} 3X^2 \\ 1 \\ 0 \end{pmatrix},$$

$$\begin{pmatrix} f''(X) \\ g''(X) \\ h''(X) \end{pmatrix} = \begin{pmatrix} a_1 & a_2 & a_3 \\ b_1 & b_2 & b_3 \\ c_1 & c_2 & c_3 \end{pmatrix} \begin{pmatrix} 6X \\ 0 \\ 0 \end{pmatrix}$$

と行列を用いて表すことができる。また

$$\begin{pmatrix} f(X) & f'(X) & f''(X) \\ g(X) & g'(X) & g''(X) \\ h(X) & h'(X) & h''(X) \end{pmatrix} = \begin{pmatrix} a_1 & a_2 & a_3 \\ b_1 & b_2 & b_3 \\ c_1 & c_2 & c_3 \end{pmatrix} \begin{pmatrix} X^3 & 3X^2 & 6X \\ X & 1 & 0 \\ 1 & 0 & 0 \end{pmatrix}$$

よって，上式の行列式を考えて

$$\begin{vmatrix} f(X) & f'(X) & f''(X) \\ g(X) & g'(X) & g''(X) \\ h(X) & h'(X) & h''(X) \end{vmatrix} = \begin{vmatrix} a_1 & a_2 & a_3 \\ b_1 & b_2 & b_3 \\ c_1 & c_2 & c_3 \end{vmatrix} \cdot \begin{vmatrix} X^3 & 3X^2 & 6X \\ X & 1 & 0 \\ 1 & 0 & 0 \end{vmatrix} \quad \cdots ①$$

転置しても行列式の値は変わらないため

$$\begin{vmatrix} f(X) & f'(X) & f''(X) \\ g(X) & g'(X) & g''(X) \\ h(X) & h'(X) & h''(X) \end{vmatrix} = \begin{vmatrix} f(X) & g(X) & h(X) \\ f'(X) & g'(X) & h'(X) \\ f''(X) & g''(X) & h''(X) \end{vmatrix}$$

また，$D = \begin{vmatrix} a_1 & a_2 & a_3 \\ b_1 & b_2 & b_3 \\ c_1 & c_2 & c_3 \end{vmatrix}$, $\begin{vmatrix} X^3 & 3X^2 & 6X \\ X & 1 & 0 \\ 1 & 0 & 0 \end{vmatrix} = -6X$ から①は

$$\begin{vmatrix} f(X) & g(X) & h(X) \\ f'(X) & g'(X) & h'(X) \\ f''(X) & g''(X) & h''(X) \end{vmatrix} = -6XD$$

となる。

問題4．

① ロピタルの定理を適用する。

$$(\tan x)' = \frac{1}{\cos^2 x} = 1 + \tan^2 x$$

から

$$\frac{(\tan x - x - \lambda x^3)'}{(x^5)'} = \frac{\dfrac{1}{\cos^2 x} - 1 - 3\lambda x^2}{5x^4} = \frac{\tan^2 x - 3\lambda x^2}{5x^4}$$

分子・分母をさらに微分して

$$\frac{2\tan x(1+\tan^2 x) - 6\lambda x}{20x^3} = \frac{\tan x + \tan^3 x - 3\lambda x}{10x^3}$$

さらに微分して

$$\frac{1+\tan^2 x + 3\tan^2 x(1+\tan^2 x) - 3\lambda}{30x^2} = \frac{(1-3\lambda) + 4\tan^2 x + 3\tan^4 x}{30x^2} \quad \cdots (1)$$

$x \to 0$ のとき，(1) で (分母) $\to 0$ となるので，(分子) $\to 0$ になるには，$1-3\lambda=0$，すなわち，$\lambda = \dfrac{1}{3}$ である。

(答) $\lambda = \dfrac{1}{3}$

② (1) に $\lambda = \dfrac{1}{3}$ を代入し，分子・分母の微分を続けて

$$\frac{8\tan x(1+\tan^2 x) + 12\tan^3 x(1+\tan^2 x)}{60x} = \frac{2\tan x + 5\tan^3 x + 3\tan^5 x}{15x}$$

分子・分母をさらに x で微分して

$$\frac{2(1+\tan^2 x) + 15\tan^2 x(1+\tan^2 x) + 15\tan^4 x(1+\tan^2 x)}{15}$$

$$= \frac{2 + 17\tan^2 x + 30\tan^4 x + 15\tan^6 x}{15}$$

$$\to \frac{2}{15} \quad (x \to 0)$$

となる。

(答) $\dfrac{2}{15}$

別解 $\tan x = x + \dfrac{1}{3}x^3 + \dfrac{2}{15}x^5 + O(x^7)$ を知っていれば非常に楽に計算できる。

$$\dfrac{\tan x - x - \lambda x^3}{x^5} = \dfrac{x + \dfrac{1}{3}x^3 + \dfrac{2}{15}x^5 + O(x^7) - x - \lambda x^3}{x^5}$$

$$= \dfrac{\dfrac{1}{3}x^3 + \dfrac{2}{15}x^5 + O(x^7) - \lambda x^3}{x^5} = \dfrac{\left(\dfrac{1}{3} - \lambda\right)x^3 + \dfrac{2}{15}x^5 + O(x^7)}{x^5}$$

$\lambda = \dfrac{1}{3}$ のとき

$$\dfrac{\dfrac{2}{15}x^5 + O(x^7)}{x^5} = \dfrac{2}{15} + O(x^2)$$

よって,$\displaystyle\lim_{x \to 0} \dfrac{\tan x - x - \dfrac{1}{3}x^3}{x^5} = \dfrac{2}{15}$

問題5.

① E を3次単位行列として,下の固有方程式を解く。

$$|A - \lambda E| = \begin{vmatrix} 1-\lambda & 0 & -1 \\ 1 & -2-\lambda & 1 \\ 1 & -1 & -\lambda \end{vmatrix} = 0$$

$$\lambda(2+\lambda)(1-\lambda) + 1 - (2+\lambda) + 1 - \lambda = 0$$

展開・整理して

$$\lambda^2(\lambda + 1) = 0$$

よって,$\lambda = 0$(重複度2),-1

(答) 0(重複度2),-1

② $A = \begin{pmatrix} 1 & 0 & -1 \\ 1 & -2 & 1 \\ 1 & -1 & 0 \end{pmatrix}$ より

$$A^2 = \begin{pmatrix} 1 & 0 & -1 \\ 1 & -2 & 1 \\ 1 & -1 & 0 \end{pmatrix} \begin{pmatrix} 1 & 0 & -1 \\ 1 & -2 & 1 \\ 1 & -1 & 0 \end{pmatrix} = \begin{pmatrix} 0 & 1 & -1 \\ 0 & 3 & -3 \\ 0 & 2 & -2 \end{pmatrix}$$

$$A^3 = A^2 A = \begin{pmatrix} 0 & -1 & 1 \\ 0 & -3 & 3 \\ 0 & -2 & 2 \end{pmatrix}, \quad A^4 = A^3 A = \begin{pmatrix} 0 & 1 & -1 \\ 0 & 3 & -3 \\ 0 & 2 & -2 \end{pmatrix} \quad \text{となって,} \quad n \geq 2 \text{ で}$$

$$A^n = (-1)^n \begin{pmatrix} 0 & 1 & -1 \\ 0 & 3 & -3 \\ 0 & 2 & -2 \end{pmatrix} \cdots (*)$$

と推定される。これを数学的帰納法で証明する。

$n=k$ で, $A^k = (-1)^k \begin{pmatrix} 0 & 1 & -1 \\ 0 & 3 & -3 \\ 0 & 2 & -2 \end{pmatrix}$ が成り立つと仮定する。

$n=k+1$ のとき

$$A^{k+1} = A^k A = (-1)^k \begin{pmatrix} 0 & 1 & -1 \\ 0 & 3 & -3 \\ 0 & 2 & -2 \end{pmatrix} \begin{pmatrix} 1 & 0 & -1 \\ 1 & -2 & 1 \\ 1 & -1 & 0 \end{pmatrix}$$

$$= (-1)^k \begin{pmatrix} 0 & -1 & 1 \\ 0 & -3 & 3 \\ 0 & -2 & 2 \end{pmatrix} = (-1)^{k+1} \begin{pmatrix} 0 & 1 & -1 \\ 0 & 3 & -3 \\ 0 & 2 & -2 \end{pmatrix}$$

となる。よって, $n \geq 2$ で, (*) が証明された。

(答) $A^n = (-1)^n \begin{pmatrix} 0 & 1 & -1 \\ 0 & 3 & -3 \\ 0 & 2 & -2 \end{pmatrix}$

別解 固有方程式 $\lambda^2(\lambda+1) = 0$ で, ケーリー・ハミルトンの定理から, O を零行列として

$$A^2(A+1) = O$$

よって, $A^3 = -A^2$

$A^4 = A^3 A = -A^2 A = -A^3 = A^2$

$A^5 = A^4 A = A^2 A = A^3 = -A^2$

ここで, $A^n = (-1)^n A^2$ と推測がつく。

$A^k = (-1)^k A^2$ が成り立つとして

$$A^{k+1} = A^k A = (-1)^k A^2 A = (-1)^k A^3 = (-1)^k (-A^2) = (-1)^{k+1} A^2$$

となって, $n \geq 2$ の整数で, $A^n = (-1)^n A^2$ が成り立つ。

第6回　1次：計算技能検定《解答・解説》

$$A^2 = \begin{pmatrix} 1 & 0 & -1 \\ 1 & -2 & 1 \\ 1 & -1 & 0 \end{pmatrix} \begin{pmatrix} 1 & 0 & -1 \\ 1 & -2 & 1 \\ 1 & -1 & 0 \end{pmatrix} = \begin{pmatrix} 0 & 1 & -1 \\ 0 & 3 & -3 \\ 0 & 2 & -2 \end{pmatrix}$$

から，$A^n = (-1)^n A^2 = (-1)^n \begin{pmatrix} 0 & 1 & -1 \\ 0 & 3 & -3 \\ 0 & 2 & -2 \end{pmatrix}$ と求められる．

> **参考** A^n の求め方
> ①で固有値を求めているので，行列の対角化を行った後 A^n を求めることも考えられるが，本問ではうまく行列の対角化ができず，実はジョルダン標準形になる．このジョルダン標準形から A^n を求めることもできるが，かなりの時間を要するのでこの解法は本問では避けた方が得策と思われる．

問題6．

X が $N(m, \sigma^2)$ に従うとき，$Y = \dfrac{X - m}{\sigma}$ で与えられる確率変数 Y は $N(0, 1)$ に従う．

すなわち，$Y = \dfrac{X - 199.95}{0.2}$ とおくと，Y は $N(0, 1)$ に従うので，$199.80 \leqq X \leqq 200.20$ から

$$\frac{199.80 - 199.95}{0.2} \leqq Y \leqq \frac{200.20 - 199.95}{0.2}$$

すなわち，$-0.75 \leqq Y \leqq 1.25$

このとき，正規分布表から

$$P(-0.75 \leqq Y \leqq 1.25) = P(-0.75 \leqq Y \leqq 0) + P(0 \leqq Y \leqq 1.25)$$
$$= 0.27337 + 0.39435 = 0.66772 = 66.772\%$$

上から3桁の概数で四捨五入した場合は 66.8%，また，切り上げをした場合も，同じく 66.8% となる．

（答）　66.8%

※本問では，切り上げ，切り捨て，四捨五入の具体的な指示がないため，切り捨ての場合の 66.7% でも正解としている．

問題7.

$$y'' - 4y' + 4y = 4x \quad \cdots ①$$

①の同次方程式

$$y'' - 4y' + 4y = 0 \quad \cdots ②$$

に $y = e^{tx}$ を代入して特性方程式 $t^2 - 4t + 4 = 0$ が得られる。

$(t-2)^2 = 0$ から $t=2$（重解）をもつので，②の一般解は

$$y = c_1 e^{2x} + c_2 x e^{2x} \quad (c_1, c_2 \text{は定数}) \quad \cdots ③$$

①の特殊解を $y_0 = Ax + B$ として，$y'' - 4y' + 4y = 4x$ に代入すると

$$-4A + 4(Ax + B) = 4x$$

$$Ax + (B - A) = x$$

から，$A = B = 1$ で特殊解

$$y_0 = x + 1 \quad \cdots ④$$

が求まる。よって，①の一般解は③に④を加えて

$$y = c_1 e^{2x} + c_2 x e^{2x} + x + 1$$

次に，初期条件から，定数 c_1, c_2 を決定する。

$y = c_1 e^{2x} + c_2 x e^{2x} + x + 1$ から，$-1 = c_1 + 1, \ c_1 = -2$

$y' = 2c_1 e^{2x} + c_2 e^{2x} + 2c_2 x e^{2x} + 1$ から，$1 = 2c_1 + c_2 + 1$

$$c_2 = -2c_1 = -2 \times (-2) = 4$$

よって

$$y = -2e^{2x} + 4xe^{2x} + x + 1, \ \text{または，} \ y = (4x - 2)e^{2x} + x + 1$$

（答） $y = (4x - 2)e^{2x} + x + 1$ （e は自然対数の底）

参考① $y'' + py' + qy = f(x)$ の特殊解 y_0 の求め方

$f(x)$ が特別な形をしている場合，以下の方法で特殊解 y_0 が求められる場合が多い。

① $f(x) = ax^2 + bx + c$ のとき，$y_0 = Ax^2 + Bx + C$（$f(x)$ と同じ次数）とおいて，係数 A, B, C を定める。
   本問では，この場合が適用できる。

② $f(x) = ae^{\alpha x}$ のとき，$y_0 = Ae^{\alpha x}$ とおいて，係数 A を定める。

③ $f(x) = a\cos\alpha x, \ b\sin\alpha x, \ a\cos\alpha x + b\sin\alpha x$ のとき，$y_0 = A\cos\alpha x + B\sin\alpha x$ とおいて，係数 A, B を定める。

第6回 1次:計算技能検定《解答・解説》

> **参考❷** $y''+py'+qy=0$ の基本解を用いた特殊解の求め方
>
> $y''+py'+qy=0$ の基本解を $y_1(x)$, $y_2(x)$ としたとき,特殊解 y_0 は
>
> $$y_0(x) = y_1(x)\int \frac{-y_2(x)f(x)}{W[y_1,\ y_2]}dx + y_2(x)\int \frac{y_1(x)f(x)}{W[y_1,\ y_2]}dx$$
>
> となる。ただし,$W[y_1,\ y_2]$ はロンスキー行列式またはロンスキアンといい
>
> $$W[y_1,\ y_2] = \begin{vmatrix} y_1 & y_2 \\ y_1' & y_2' \end{vmatrix} = y_1 y_2' - y_1' y_2$$
>
> で表される。
>
> 本問では,$f(x)=4x$,$y_1(x)=e^{2x}$,$y_2(x)=xe^{2x}$ から,$W[y_1,\ y_2]=e^{4x}$ より
>
> $$y_0(x) = y_1(x)\int \frac{-y_2(x)f(x)}{W[y_1,\ y_2]}dx + y_2(x)\int \frac{y_1(x)f(x)}{W[y_1,\ y_2]}dx$$
>
> $$= e^{2x}\int \frac{-xe^{2x}\cdot 4x}{e^{4x}}dx + xe^{2x}\int \frac{e^{2x}\cdot 4x}{e^{4x}}dx$$
>
> $$= -4e^{2x}\int x^2 e^{-2x}dx + 4xe^{2x}\int xe^{-2x}dx$$
>
> $$= -4e^{2x}\left\{-e^{-2x}\left(\frac{x^2}{2}+\frac{x}{2}+\frac{1}{4}\right)\right\} + 4xe^{2x}\left\{-e^{-2x}\left(\frac{x}{2}+\frac{1}{4}\right)\right\}$$
>
> $$= 4\left(\frac{x^2}{2}+\frac{x}{2}+\frac{1}{4}\right) - 4x\left(\frac{x}{2}+\frac{1}{4}\right)$$
>
> $$= 2x^2 + 2x + 1 - 2x^2 - x$$
>
> $$= x+1$$

第6回 2次：数理技能検定 《問題》

問題1．（選択）

有理数を係数とする，3変数 x, y, z の多項式環において

$$g_1 = y^2 + yz + z^2, \quad g_2 = z^2 + zx + x^2, \quad g_3 = x^2 + xy + y^2$$

とおきます。このとき

$$(x+y+z)^3 = p_1 g_1 + p_2 g_2 + p_3 g_3$$

を満たす多項式 p_1, p_2, p_3 のうち，変数 x, y, z についての次数がもっとも小さいものを1組求めなさい。

問題2．（選択）

x, y, z はすべて0以上の実数で，$x+y+z=1$ を満たす変数とします。この範囲で次の関数の最大値と最小値を求めなさい。

$$f(x, y, z) = (x+y)(y+z)(z+x) - 4xyz$$

問題3．（選択）

正三角形 ABC の（辺上を除く）内部の点 P から 3 辺 BC, CA, AB に引いた垂線の長さの和は，正三角形 ABC の 1 辺の長さが一定である限り，点 P の位置によらず一定で，正三角形の高さに等しくなります。したがって，和が一定値 l である 3 個の量 (x, y, z) を，3 辺 BC, CA, AB への垂線の長さがそれぞれ x, y, z であるようにして，高さ l の正三角形内の 1 点で表現することができます。

たとえば，x, y, z が周りの長さが一定の値 l をとる三角形の 3 辺の長さを表すとすると，$x+y>z$ などの関係から x, y, z はすべて $\dfrac{l}{2}$ 未満の正の値をとり，それを表す点 P の存在範囲は，3 辺 BC, CA, AB の中点 L, M, N を結ぶ三角形内の（辺上を除く）内部となります（以上のことは証明しなくてもかまいません）。これについて，次の問いに答えなさい。

（1） △LMN の内部で辺の長さ x, y, z の三角形が鋭角三角形を表すような点 P の範囲を求め，その概形を図示しなさい。

（2） （1）で求めた範囲を Ω とするとき，Ω の面積は △LMN の面積の何倍かを求めなさい。

問題4．（選択）

鉛直面内の水平方向と鉛直方向にそれぞれ x 軸，y 軸をとります。この座標平面上の原点から x 軸の正の向きに対して $\theta\left(0<\theta<\dfrac{\pi}{2}\right)$ の角の方向に，初速度の大きさ $V_0\,(\neq 0,$ 一定$)$ で投げた物体の軌道は

$$y = -\dfrac{g}{2V_0^2\cos^2\theta}x^2 + (\tan\theta)x \quad (y \geqq 0,\ g\text{は重力加速度でここでは一定とします})$$

と表される曲線をえがきます（このことは証明しなくてもかまいません）。

ここで，θ を $0<\theta<\dfrac{\pi}{2}$ の範囲で変化させたとき，投げた物体の軌道によりできる領域の境界線のうち，x 軸，y 軸を除く曲線（包絡線）の方程式を求めなさい。

問題5．（選択）

N 個のデータ $(X, Y)=(X_1, Y_1), (X_2, Y_2), (X_3, Y_3), \cdots, (X_N, Y_N)$ に対する（最小二乗法による）Y の X における回帰直線の式は X, Y の相関係数を ρ_{XY} とするとき

$$Y-\overline{Y} = \rho_{XY} \cdot \frac{\sigma_Y}{\sigma_X}(X-\overline{X})$$

で与えられます（このことは証明しなくてもかまいません）。ただし，$\overline{X}, \overline{Y}$ はそれぞれ X, Y の（相加）平均，σ_X, σ_Y はそれぞれ X, Y の標準偏差を表します。

Aさんはある微生物の増殖の実験を行いました。右の表は実験開始時から x 時間後の微生物の量 y をまとめたものです。実験前にこの微生物の増加の様子が指数関数で表すことができると予想していたAさんは，この表の値を用いて x と y の関係を

$y = a \times b^x$ （a, b は正の定数）

で表そうと考えました。このときの a, b の値を上の回帰直線の式と 167，168 ページの常用対数表の値（またはそれに近い値）を用いて，上から3けたの概数で求めなさい。　　　　　　　　　　（統計技能）

x（時間）	y
0	15
1	29
2	45
3	89
4	153

問題6．（必須）

n 次元線形空間 R^n から m 次元線形空間 R^m への線形写像 f について，$\mathrm{Im}\,f$, $\mathrm{Ker}\,f$ を

　$\mathrm{Im}\,f = \{f(x) \mid x$ は R^n の要素 $\}$

　$\mathrm{Ker}\,f = \{x \mid x$ は R^n の要素かつ $f(x) = O_m\}$ 　（O_m は m 次元の零ベクトルを表します）

により定義します。このとき，次の問いに答えなさい。

（1）　$\mathrm{Ker}\,f$ は R^n の線形部分空間であり，$\mathrm{Im}\,f$ は R^m の線形部分空間であることを示しなさい。　　　　　　　　　　　　　　　　　　　　　　　　　　　　（証明技能）

（2）　行列 $A = \begin{pmatrix} 3 & -3 & 2 & -2 & 3 \\ 5 & 4 & 2 & 1 & -2 \\ 7 & 2 & -2 & -1 & -4 \\ -2 & 5 & 0 & 3 & -3 \end{pmatrix}$ の定める R^5 から R^4 への線形写像 f において，

$\mathrm{Im}\,f$ と $\mathrm{Ker}\,f$ の次元をそれぞれ求めなさい。

問題7．（必須）

xy 平面上の連続関数 $f(x, y)$ と単位円板 $D = \{(x, y) \mid x^2 + y^2 \leq 1\}$ に対して，D での $f(x, y)$ の平均値

$$I(f) = \frac{1}{\pi} \iint_D f(x, y)\, dxdy$$

を考えます。このとき，次の問いに答えなさい。

（1） $f(x, y) = x^2$，$f(x, y) = x^4$，$f(x, y) = x^2 y^2$ について，D での平均値をそれぞれ求めなさい。

（2） D 上に全部で9個の点

$O(0, 0)$, $P_1(u, 0)$, $P_2(0, u)$, $P_3(-u, 0)$, $P_4(0, -u)$,

$Q_1\left(\cos\dfrac{\pi}{4}, \sin\dfrac{\pi}{4}\right)$, $Q_2\left(\cos\dfrac{3}{4}\pi, \sin\dfrac{3}{4}\pi\right)$,

$Q_3\left(\cos\dfrac{5}{4}\pi, \sin\dfrac{5}{4}\pi\right)$, $Q_4\left(\cos\dfrac{7}{4}\pi, \sin\dfrac{7}{4}\pi\right)$

をとります。ただし，u は $0 < u < 1$ を満たす定数です。さらに D 上の点 $P(x_0, y_0)$ における $f(x, y)$ の値を $f(P)$ と表すことにします。ここで定数 a, b, c をとり，$I(f)$ の近似式

$$J(f) = cf(O) + b[f(P_1) + f(P_2) + f(P_3) + f(P_4)] + a[f(Q_1) + f(Q_2) + f(Q_3) + f(Q_4)]$$

をつくります。このとき，$f(x, y)$ が変数 x, y について5次以下の多項式であるならば，$I(f) = J(f)$ が成立するように，u および a, b, c を定めることができます。それらの値を求めなさい。

常用対数表（1）

数	0	1	2	3	4	5	6	7	8	9
1.0	.0000	.0043	.0086	.0128	.0170	.0212	.0253	.0294	.0334	.0374
1.1	.0414	.0453	.0492	.0531	.0569	.0607	.0645	.0682	.0719	.0755
1.2	.0792	.0828	.0864	.0899	.0934	.0969	.1004	.1038	.1072	.1106
1.3	.1139	.1173	.1206	.1239	.1271	.1303	.1335	.1367	.1399	.1430
1.4	.1461	.1492	.1523	.1553	.1584	.1614	.1644	.1673	.1703	.1732
1.5	.1761	.1790	.1818	.1847	.1875	.1903	.1931	.1959	.1987	.2014
1.6	.2041	.2068	.2095	.2122	.2148	.2175	.2201	.2227	.2253	.2279
1.7	.2304	.2330	.2355	.2380	.2405	.2430	.2455	.2480	.2504	.2529
1.8	.2553	.2577	.2601	.2625	.2648	.2672	.2695	.2718	.2742	.2765
1.9	.2788	.2810	.2833	.2856	.2878	.2900	.2923	.2945	.2967	.2989
2.0	.3010	.3032	.3054	.3075	.3096	.3118	.3139	.3160	.3181	.3201
2.1	.3222	.3243	.3263	.3284	.3304	.3324	.3345	.3365	.3385	.3404
2.2	.3424	.3444	.3464	.3483	.3502	.3522	.3541	.3560	.3579	.3598
2.3	.3617	.3636	.3655	.3674	.3692	.3711	.3729	.3747	.3766	.3784
2.4	.3802	.3820	.3838	.3856	.3874	.3892	.3909	.3927	.3945	.3962
2.5	.3979	.3997	.4014	.4031	.4048	.4065	.4082	.4099	.4116	.4133
2.6	.4150	.4166	.4183	.4200	.4216	.4232	.4249	.4265	.4281	.4298
2.7	.4314	.4330	.4346	.4362	.4378	.4393	.4409	.4425	.4440	.4456
2.8	.4472	.4487	.4502	.4518	.4533	.4548	.4564	.4579	.4594	.4609
2.9	.4624	.4639	.4654	.4669	.4683	.4698	.4713	.4728	.4742	.4757
3.0	.4771	.4786	.4800	.4814	.4829	.4843	.4857	.4871	.4886	.4900
3.1	.4914	.4928	.4942	.4955	.4969	.4983	.4997	.5011	.5024	.5038
3.2	.5051	.5065	.5079	.5092	.5105	.5119	.5132	.5145	.5159	.5172
3.3	.5185	.5198	.5211	.5224	.5237	.5250	.5263	.5276	.5289	.5302
3.4	.5315	.5328	.5340	.5353	.5366	.5378	.5391	.5403	.5416	.5428
3.5	.5441	.5453	.5465	.5478	.5490	.5502	.5514	.5527	.5539	.5551
3.6	.5563	.5575	.5587	.5599	.5611	.5623	.5635	.5647	.5658	.5670
3.7	.5682	.5694	.5705	.5717	.5729	.5740	.5752	.5763	.5775	.5786
3.8	.5798	.5809	.5821	.5832	.5843	.5855	.5866	.5877	.5888	.5899
3.9	.5911	.5922	.5933	.5944	.5955	.5966	.5977	.5988	.5999	.6010
4.0	.6021	.6031	.6042	.6053	.6064	.6075	.6085	.6096	.6107	.6117
4.1	.6128	.6138	.6149	.6160	.6170	.6180	.6191	.6201	.6212	.6222
4.2	.6232	.6243	.6253	.6263	.6274	.6284	.6294	.6304	.6314	.6325
4.3	.6335	.6345	.6355	.6365	.6375	.6385	.6395	.6405	.6415	.6425
4.4	.6435	.6444	.6454	.6464	.6474	.6484	.6493	.6503	.6513	.6522
4.5	.6532	.6542	.6551	.6561	.6571	.6580	.6590	.6599	.6609	.6618
4.6	.6628	.6637	.6646	.6656	.6665	.6675	.6684	.6693	.6702	.6712
4.7	.6721	.6730	.6739	.6749	.6758	.6767	.6776	.6785	.6794	.6803
4.8	.6812	.6821	.6830	.6839	.6848	.6857	.6866	.6875	.6884	.6893
4.9	.6902	.6911	.6920	.6928	.6937	.6946	.6955	.6964	.6972	.6981
5.0	.6990	.6998	.7007	.7016	.7024	.7033	.7042	.7050	.7059	.7067
5.1	.7076	.7084	.7093	.7101	.7110	.7118	.7126	.7135	.7143	.7152
5.2	.7160	.7168	.7177	.7185	.7193	.7202	.7210	.7218	.7226	.7235
5.3	.7243	.7251	.7259	.7267	.7275	.7284	.7292	.7300	.7308	.7316
5.4	.7324	.7332	.7340	.7348	.7356	.7364	.7372	.7380	.7388	.7396

常用対数表（2）

数	0	1	2	3	4	5	6	7	8	9
5.5	.7404	.7412	.7419	.7427	.7435	.7443	.7451	.7459	.7466	.7474
5.6	.7482	.7490	.7497	.7505	.7513	.7520	.7528	.7536	.7543	.7551
5.7	.7559	.7566	.7574	.7582	.7589	.7597	.7604	.7612	.7619	.7627
5.8	.7634	.7642	.7649	.7657	.7664	.7672	.7679	.7686	.7694	.7701
5.9	.7709	.7716	.7723	.7731	.7738	.7745	.7752	.7760	.7767	.7774
6.0	.7782	.7789	.7796	.7803	.7810	.7818	.7825	.7832	.7839	.7846
6.1	.7853	.7860	.7868	.7875	.7882	.7889	.7896	.7903	.7910	.7917
6.2	.7924	.7931	.7938	.7945	.7952	.7959	.7966	.7973	.7980	.7987
6.3	.7993	.8000	.8007	.8014	.8021	.8028	.8035	.8041	.8048	.8055
6.4	.8062	.8069	.8075	.8082	.8089	.8096	.8102	.8109	.8116	.8122
6.5	.8129	.8136	.8142	.8149	.8156	.8162	.8169	.8176	.8182	.8189
6.6	.8195	.8202	.8209	.8215	.8222	.8228	.8235	.8241	.8248	.8254
6.7	.8261	.8267	.8274	.8280	.8287	.8293	.8299	.8306	.8312	.8319
6.8	.8325	.8331	.8338	.8344	.8351	.8357	.8363	.8370	.8376	.8382
6.9	.8388	.8395	.8401	.8407	.8414	.8420	.8426	.8432	.8439	.8445
7.0	.8451	.8457	.8463	.8470	.8476	.8482	.8488	.8494	.8500	.8506
7.1	.8513	.8519	.8525	.8531	.8537	.8543	.8549	.8555	.8561	.8567
7.2	.8573	.8579	.8585	.8591	.8597	.8603	.8609	.8615	.8621	.8627
7.3	.8633	.8639	.8645	.8651	.8657	.8663	.8669	.8675	.8681	.8686
7.4	.8692	.8698	.8704	.8710	.8716	.8722	.8727	.8733	.8739	.8745
7.5	.8751	.8756	.8762	.8768	.8774	.8779	.8785	.8791	.8797	.8802
7.6	.8808	.8814	.8820	.8825	.8831	.8837	.8842	.8848	.8854	.8859
7.7	.8865	.8871	.8876	.8882	.8887	.8893	.8899	.8904	.8910	.8915
7.8	.8921	.8927	.8932	.8938	.8943	.8949	.8954	.8960	.8965	.8971
7.9	.8976	.8982	.8987	.8993	.8998	.9004	.9009	.9015	.9020	.9025
8.0	.9031	.9036	.9042	.9047	.9053	.9058	.9063	.9069	.9074	.9079
8.1	.9085	.9090	.9096	.9101	.9106	.9112	.9117	.9122	.9128	.9133
8.2	.9138	.9143	.9149	.9154	.9159	.9165	.9170	.9175	.9180	.9186
8.3	.9191	.9196	.9201	.9206	.9212	.9217	.9222	.9227	.9232	.9238
8.4	.9243	.9248	.9253	.9258	.9263	.9269	.9274	.9279	.9284	.9289
8.5	.9294	.9299	.9304	.9309	.9315	.9320	.9325	.9330	.9335	.9340
8.6	.9345	.9350	.9355	.9360	.9365	.9370	.9375	.9380	.9385	.9390
8.7	.9395	.9400	.9405	.9410	.9415	.9420	.9425	.9430	.9435	.9440
8.8	.9445	.9450	.9455	.9460	.9465	.9469	.9474	.9479	.9484	.9489
8.9	.9494	.9499	.9504	.9509	.9513	.9518	.9523	.9528	.9533	.9538
9.0	.9542	.9547	.9552	.9557	.9562	.9566	.9571	.9576	.9581	.9586
9.1	.9590	.9595	.9600	.9605	.9609	.9614	.9619	.9624	.9628	.9633
9.2	.9638	.9643	.9647	.9652	.9657	.9661	.9666	.9671	.9675	.9680
9.3	.9685	.9689	.9694	.9699	.9703	.9708	.9713	.9717	.9722	.9727
9.4	.9731	.9736	.9741	.9745	.9750	.9754	.9759	.9763	.9768	.9773
9.5	.9777	.9782	.9786	.9791	.9795	.9800	.9805	.9809	.9814	.9818
9.6	.9823	.9827	.9832	.9836	.9841	.9845	.9850	.9854	.9859	.9863
9.7	.9868	.9872	.9877	.9881	.9886	.9890	.9894	.9899	.9903	.9908
9.8	.9912	.9917	.9921	.9926	.9930	.9934	.9939	.9943	.9948	.9952
9.9	.9956	.9961	.9965	.9969	.9974	.9978	.9983	.9987	.9991	.9996

第6回 2次：数理技能検定
《解答・解説》

問題1.
$$g_1 - g_2 = y^2 - x^2 + yz - zx = (y-x)(x+y+z)$$
同様にして
$$g_2 - g_3 = (z-y)(x+y+z)$$
$$g_3 - g_1 = (x-z)(x+y+z)$$
一方
$$(x+y+z)(x^2+y^2+z^2-xy-yz-zx)$$
$$= \frac{1}{2}(x+y+z)\{(y-x)^2+(z-y)^2+(x-z)^2\}$$
$$= \frac{1}{2}\{(y-x)(g_1-g_2)+(z-y)(g_2-g_3)+(x-z)(g_3-g_1)\}$$
$$= -\frac{1}{2}\{(2x-y-z)g_1+(2y-z-x)g_2+(2z-x-y)g_3\}$$

他方，$g_1+g_2+g_3 = 2(x^2+y^2+z^2)+xy+yz+zx$ から
$$g_1+g_2+g_3-(x^2+y^2+z^2-xy-yz-zx)$$
$$= x^2+y^2+z^2+2(xy+yz+zx) = (x+y+z)^2$$

よって
$$(x+y+z)^3$$
$$= (x+y+z)\{g_1+g_2+g_3-(x^2+y^2+z^2-xy-yz-zx)\}$$
$$= (x+y+z)(g_1+g_2+g_3)+\frac{1}{2}\{(2x-y-z)g_1+(2y-z-x)g_2+(2z-x-y)g_3\}$$
$$= \frac{1}{2}\{(4x+y+z)g_1+(x+4y+z)g_2+(x+y+4z)g_3\}$$

と表される。すなわち
$$p_1 = 2x+\frac{y+z}{2}, \quad p_2 = 2y+\frac{z+x}{2}, \quad p_3 = 2z+\frac{x+y}{2}$$

とすればよい。p_1, p_2, p_3 は1次以上でなければならないから，これは次数がもっとも低いものの1つである。

(答) $p_1 = 2x+\dfrac{y+z}{2}, \ p_2 = 2y+\dfrac{z+x}{2}, \ p_3 = 2z+\dfrac{x+y}{2}$

別解 3次同次対称式として

$x^3 + y^3 + z^3 = s_1$, $x^2y + xy^2 + y^2z + yz^2 + z^2x + zx^2 = s_2$, $xyz = s_3$ とおくと

$$(x+y+z)^3 = s_1 + 3s_2 + 6s_3$$

$g_1 = y^2 + yz + z^2$, $g_2 = z^2 + zx + x^2$, $g_3 = x^2 + xy + y^2$ を使って，$(x+y+z)^3$ をどのように表せるか考える。

$g_1 = y^2 + yz + z^2$ は (xを含まない) y, z だけの2次多項式

$g_2 = z^2 + zx + x^2$ は (yを含まない) z, x だけの2次多項式

$g_3 = x^2 + xy + y^2$ は (zを含まない) x, y だけの2次多項式

に注目して

$$xg_1 + yg_2 + zg_3 = s_2 + 3s_3 \qquad \cdots ①$$
$$(y+z)g_1 + (z+x)g_2 + (x+y)g_3 = 2s_1 + 2s_2 \qquad \cdots ②$$
$$(y-z)g_1 + (z-x)g_2 + (x-y)g_3 = 0 \qquad \cdots ③$$

であるから，kを任意定数として

$$(x+y+z)^3 = s_1 + 3s_2 + 6s_3 = \frac{1}{2} \times (2s_1 + 2s_2) + 2 \times (s_2 + 3s_3) + \frac{k}{2} \times 0$$

から，①，②，③を代入して整理すると

$$(x+y+z)^3 = \left(2x + \frac{1+k}{2}y + \frac{1-k}{2}z\right)g_1 + \left(\frac{1-k}{2}x + 2y + \frac{1+k}{2}z\right)g_2$$
$$+ \left(\frac{1+k}{2}x + \frac{1-k}{2}y + 2z\right)g_3$$

よって

$$p_1 = 2x + \frac{1+k}{2}y + \frac{1-k}{2}z, \quad p_2 = \frac{1-k}{2}x + 2y + \frac{1+k}{2}z,$$
$$p_3 = \frac{1+k}{2}x + \frac{1-k}{2}y + 2z$$

となって，kは任意定数なので p_1, p_2, p_3 は無限個存在する。ちなみに，本解は $k=0$ の場合である。

さらに，$k=1$ で，$p_1 = 2x + y$, $p_2 = 2y + z$, $p_3 = 2z + x$ となり，$k=-1$ では，$p_1 = 2x + z$, $p_2 = 2y + x$, $p_3 = 2z + y$ をそれぞれ得る。

問題2.

まず，fの式を変形すると

$$f(x, y, z) = x^2(y+z) + x(y+z)^2 + yz(y+z) - 4xyz$$
$$= (x^2 + yz)(y+z) + x(y-z)^2$$

この各項はすべて0以上であるから，$f \geqq 0$

しかも，$x=1, y=z=0$ などで実際に $f=0$ になるから，最小値は0である。

次に最大値を求めるために x を固定すると，$y+z=1-x$ が一定になるので
$$f(x, y, z) = (y+z)\{yz + x(x+y+z)\} - 4xyz = (1-x)(yz+x) - 4xyz$$
$$= (1-x)yz - 4xyz + x(1-x) = (1-5x)yz + x(1-x)$$

の末尾の項の値も一定である。したがって

(i) $1-5x > 0$ ならば yz が大きいほど f は大きい。$y+z$ が一定より，yz が最大となるのは $y=z=\dfrac{1-x}{2}$ のときであり，f の最大値は
$$(1-5x)\left(\dfrac{1-x}{2}\right)^2 + x(1-x) = \dfrac{1}{4}(1-x)(1-2x+5x^2)$$

(ii) $1-5x < 0$ ならば yz が大きいほど f は小さい。f の最大値は $yz=0$ のときの値 $x(1-x)$ である（これは $1-5x=0$ のときも正しい）。

したがって(i)，(ii)より
$$g(x) = \begin{cases} \dfrac{1}{4}(1-x)(1-2x+5x^2) & \left(0 \leqq x < \dfrac{1}{5}\right) \\ x(1-x) & \left(\dfrac{1}{5} \leqq x \leqq 1\right) \end{cases}$$

の最大値を求めればよい。

$0 \leqq x < \dfrac{1}{5}$ においては
$$g'(x) = \dfrac{1}{4}(-3 + 14x - 15x^2) = -\dfrac{1}{4}(3x-1)(5x-3) < 0$$

より $g(x)$ は減少関数であるから，最大値は $g(0) = \dfrac{1}{4}$

$\dfrac{1}{5} \leqq x \leqq 1$ においては $g(x) = -\left(x - \dfrac{1}{2}\right)^2 + \dfrac{1}{4}$ より，最大値は $g\left(\dfrac{1}{2}\right) = \dfrac{1}{4}$ である。

以上より，最大値は $\dfrac{1}{4}$（$=0.25$）である。

（答）最小値 0，最大値 $\dfrac{1}{4}$（$=0.25$）

第6回 2次：数理技能検定《解答・解説》

参考① 多変数関数の最大・最小

独立に変化する多変数のときは，一変数を固定して，その変数を含んだ最大値，最小値を求める。次に，その固定した変数の関数とみて，その最大値，最小値を調べる。

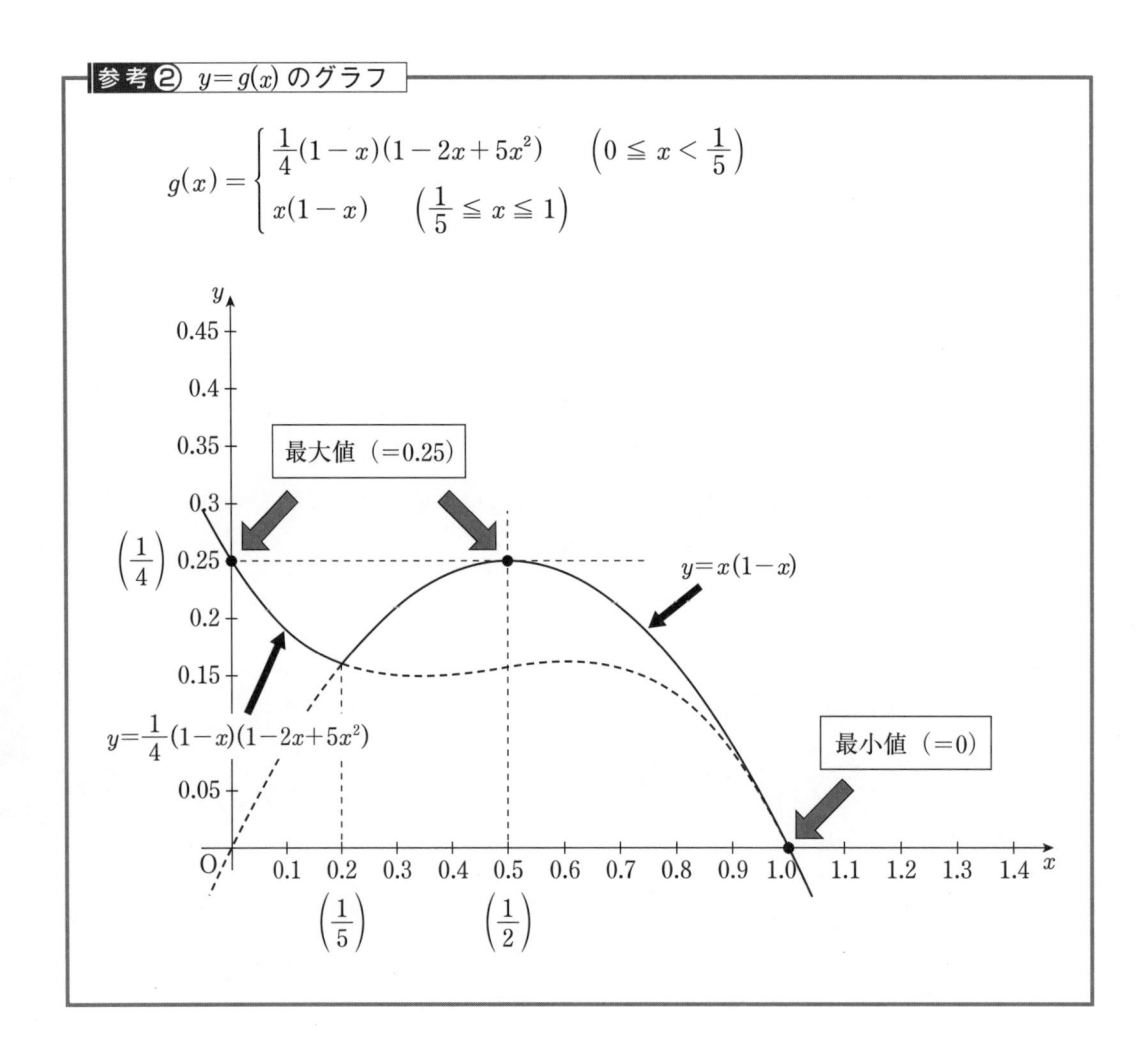

参考② $y = g(x)$ のグラフ

$$g(x) = \begin{cases} \dfrac{1}{4}(1-x)(1-2x+5x^2) & \left(0 \leqq x < \dfrac{1}{5}\right) \\ x(1-x) & \left(\dfrac{1}{5} \leqq x \leqq 1\right) \end{cases}$$

最大値（＝0.25）

$y = x(1-x)$

$y = \dfrac{1}{4}(1-x)(1-2x+5x^2)$

最小値（＝0）

問題3．

（1）直角三角形は，$x^2 = y^2 + z^2$，$y^2 = z^2 + x^2$，$z^2 = x^2 + y^2$ で表される2次曲線の上にあり，これらによって囲まれる内部が鋭角三角形に対応する。

正三角形においては AB ＝ BC ＝ CA だから，P の各辺からの高さ（各辺に下した垂線の長さ）(x, y, z) がそのまま重心座標になる。

正三角形の高さを 1 として，$x + y + z = 1$ と正規化すると，$x^2 = y^2 + z^2$ は

$$\left(\frac{1}{2}, 0, \frac{1}{2}\right) \text{（中点 M）}, \quad \left(\frac{1}{2}, \frac{1}{2}, 0\right) \text{（中点 N）},$$

$$\left(\sqrt{2} - 1, 1 - \frac{1}{\sqrt{2}}, 1 - \frac{1}{\sqrt{2}}\right) \text{（中線 AL 上にあり直角三角形を表す）}$$

を通り，重心にむけて凸の曲線である（これは実は双曲線の一部である）。

他の 2 本の曲線は，この曲線を重心を中心としてそれぞれ 120°，240° 回転させて得られるので，Ω の概形は右の図のようになる（境界線は除く）。

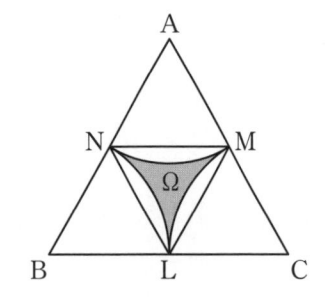

（2） 正規化された重心座標で

$(a_1, b_1, c_1), (a_2, b_2, c_2), (a_3, b_3, c_3)$ $(a_k + b_k + c_k = 1, \ k = 1, 2, 3)$

と表される 3 点がこの順に反時計回りに並んでいれば，それらを頂点とする三角形の面積と △ABC 全体の面積の比の値は

$$\begin{vmatrix} a_1 & b_1 & c_1 \\ a_2 & b_2 & c_2 \\ a_3 & b_3 & c_3 \end{vmatrix}$$

で与えられる。△ABC の重心 $O\left(\frac{1}{3}, \frac{1}{3}, \frac{1}{3}\right)$，$x^2 = y^2 + z^2$ 上の点 (x, y, z) とそれに近い点 $(x + dx, y + dy, z + dz)$ のなす三角形の面積と △ABC の全面積の比の値は

$$\pm \begin{vmatrix} \frac{1}{3} & \frac{1}{3} & \frac{1}{3} \\ x & y & z \\ x+dx & y+dy & z+dz \end{vmatrix} = \pm \frac{1}{3} \begin{vmatrix} 1 & 1 & 1 \\ x & y & z \\ dx & dy & dz \end{vmatrix}$$

$$= \pm \frac{1}{3}\left[(z-y)dx + (x-z)dy + (y-x)dz\right] \quad \text{（符号は点の並ぶ向きによる）}$$

と表される。$x^2 = y^2 + z^2$ を $x + y + z = 1$ と連立させて x を消去する。$x = 1 - y - z$ を代入すると

$$y^2 + z^2 = x^2 = (1 - y - z)^2 = 1 - 2(y + z) + y^2 + z^2 + 2yz$$

から

$$1 = 2-2(y+z)+2yz = 2(1-y)(1-z)$$

すなわち $(1-y)(1-z) = \dfrac{1}{2}$ がわかる。そこで媒介変数 t を用いて

$$(1-y) = \dfrac{t}{2},\ (1-z) = \dfrac{1}{t}$$

とおく。$t=1$ のとき点 $\mathrm{N}\left(\dfrac{1}{2}, \dfrac{1}{2}, 0\right)$, $t=2$ のとき点 $\mathrm{M}\left(\dfrac{1}{2}, 0, \dfrac{1}{2}\right)$ を表し, $1 \leqq t \leqq 2$ である。t を 1 から 2 に動かすとき点は N から M へ動き, 時計回りになるから, 前述の面積の符号は「$-$」で

$$\dfrac{1}{3}\bigl[(y-z)dx + (z-x)dy + (x-y)dz\bigr]$$

となる。このとき

$$y = 1-\dfrac{t}{2},\ z = 1-\dfrac{1}{t},\ x = \dfrac{t}{2}+\dfrac{1}{t}-1$$

と表されるので

$$(y-z)dx = \left(\dfrac{1}{t}-\dfrac{t}{2}\right)\left(\dfrac{1}{2}-\dfrac{1}{t^2}\right)dt$$

$$(z-x)dy = \left(2-\dfrac{2}{t}-\dfrac{t}{2}\right)\left(-\dfrac{1}{2}\right)dt$$

$$(x-y)dz = \left(t+\dfrac{1}{t}-2\right)\dfrac{1}{t^2}dt$$

それぞれの和をとると

$$(y-z)dx+(z-x)dy+(x-y)dz$$
$$=\left(\dfrac{1}{2t}-\dfrac{t}{4}-\dfrac{1}{t^3}+\dfrac{1}{2t}-1+\dfrac{1}{t}+\dfrac{t}{4}+\dfrac{1}{t}+\dfrac{1}{t^3}-\dfrac{2}{t^2}\right)dt = \left(-1+\dfrac{3}{t}-\dfrac{2}{t^2}\right)dt$$

これを $\dfrac{1}{3}$ 倍して $t=1$ から 2 まで積分した値が, 重心 O に対し, OM, ON と M, N を通る曲線で囲まれる部分の面積であり, 3 個の曲線で囲まれた部分 Ω の面積はその 3 倍である。それは $\triangle$ABC の全面積に対する比の値だから, $\triangle$LMN に対する比はその 4 倍であり

$$\dfrac{3\times 4}{3}\int_1^2\left(-1+\dfrac{3}{t}-\dfrac{2}{t^2}\right)dt = 4\left\{-1+3\log_e 2+2\left(\dfrac{1}{2}-1\right)\right\} = 12\log_e 2 - 8$$

(答) $(12\log_e 2 - 8)$ 倍 (e は自然対数の底)

> **参考** 行列を用いた2つの三角形の面積比

正三角形 ABC の内部に △PQR があるとして，3点 P，Q，R の正規化された重心座標を $P(a_1, b_1, c_1)$，$Q(a_2, b_2, c_2)$，$R(a_3, b_3, c_3)$ とするとき

$$\frac{\triangle \text{PQR の面積}}{\triangle \text{ABC の面積}} = \begin{vmatrix} a_1 & b_1 & c_1 \\ a_2 & b_2 & c_2 \\ a_3 & b_3 & c_3 \end{vmatrix} \quad \cdots (*)$$

となることを確認する。

△ABC，△PQR の面積をそれぞれ S_1，S_2 とすると
$$2S_1 = |\overrightarrow{AB} \times \overrightarrow{AC}|, \quad 2S_2 = |\overrightarrow{PQ} \times \overrightarrow{PR}|$$

重心座標の定義より，任意の点 O に対して
$$\overrightarrow{OP} = a_1 \overrightarrow{OA} + b_1 \overrightarrow{OB} + c_1 \overrightarrow{OC} \quad (a_1 + b_1 + c_1 = 1)$$
$$\overrightarrow{OQ} = a_2 \overrightarrow{OA} + b_2 \overrightarrow{OB} + c_2 \overrightarrow{OC} \quad (a_2 + b_2 + c_2 = 1)$$
$$\overrightarrow{OR} = a_3 \overrightarrow{OA} + b_3 \overrightarrow{OB} + c_3 \overrightarrow{OC} \quad (a_3 + b_3 + c_3 = 1)$$

と表される。点 A と点 O が一致するとき
$$\overrightarrow{AP} = b_1 \overrightarrow{AB} + c_1 \overrightarrow{AC}, \quad \overrightarrow{AQ} = b_2 \overrightarrow{AB} + c_2 \overrightarrow{AC}, \quad \overrightarrow{AR} = b_3 \overrightarrow{AB} + c_3 \overrightarrow{AC}$$

となって
$$\overrightarrow{PQ} = (b_2 - b_1) \overrightarrow{AB} + (c_2 - c_1) \overrightarrow{AC}, \quad \overrightarrow{PR} = (b_3 - b_1) \overrightarrow{AB} + (c_3 - c_1) \overrightarrow{AC}$$

から
$$\overrightarrow{PQ} \times \overrightarrow{PR} = (b_2 - b_1)(c_3 - c_1) \overrightarrow{AB} \times \overrightarrow{AC} + (c_2 - c_1)(b_3 - b_1) \overrightarrow{AC} \times \overrightarrow{AB}$$
$$= \begin{vmatrix} b_2 - b_1 & c_2 - c_1 \\ b_3 - b_1 & c_3 - c_1 \end{vmatrix} \overrightarrow{AB} \times \overrightarrow{AC}$$

$\overrightarrow{PQ} \times \overrightarrow{PR}$ と $\overrightarrow{AB} \times \overrightarrow{AC}$ の外積の向きは同じであるから，行列式の値は正で

$$\frac{\triangle \text{PQR の面積}}{\triangle \text{ABC の面積}} = \frac{S_2}{S_1} = \begin{vmatrix} b_2 - b_1 & c_2 - c_1 \\ b_3 - b_1 & c_3 - c_1 \end{vmatrix}$$

となる。ここで

$$\begin{vmatrix} a_1 & b_1 & c_1 \\ a_2 & b_2 & c_2 \\ a_3 & b_3 & c_3 \end{vmatrix} = \begin{vmatrix} a_1 + b_1 + c_1 & b_1 & c_1 \\ a_2 + b_2 + c_2 & b_2 & c_2 \\ a_3 + b_3 + c_3 & b_3 & c_3 \end{vmatrix} = \begin{vmatrix} 1 & b_1 & c_1 \\ 1 & b_2 & c_2 \\ 1 & b_3 & c_3 \end{vmatrix} = \begin{vmatrix} 1 & b_1 & c_1 \\ 0 & b_2 - b_1 & c_2 - c_1 \\ 0 & b_3 - b_1 & c_3 - c_1 \end{vmatrix}$$
$$= \begin{vmatrix} b_2 - b_1 & c_2 - c_1 \\ b_3 - b_1 & c_3 - c_1 \end{vmatrix}$$

となって，(*) が示される。

問題4．

$$y = -\frac{g}{2V_0^2\cos^2\theta}x^2 + (\tan\theta)x = -\frac{gx^2}{2V_0^2}(1+\tan^2\theta) + x\tan\theta \quad (x>0)$$

を変形して

$$\tan^2\theta - \frac{2V_0^2}{gx}\tan\theta + \frac{2V_0^2}{gx^2}y + 1 = 0 \quad \cdots ①$$

これを $\tan\theta$ について解くと

$$\tan\theta = \frac{V_0^2}{gx} \pm \sqrt{\frac{V_0^4}{g^2x^2} - \frac{2V_0^2}{gx^2}y - 1}$$

$\tan\theta$ は実数より，$\dfrac{V_0^4}{g^2x^2} - \dfrac{2V_0^2}{gx^2}y - 1 \geqq 0$ であるから

$$y \leqq -\frac{gx^2}{2V_0^2} + \frac{V_0^2}{2g} \quad \cdots ②$$

逆に (x, y)（ただし $x>0$）が②を満たすとき

①を満たす $\tan\theta > 0$ が存在するので，①を満たす θ $\left(0 < \theta < \dfrac{\pi}{2}\right)$ が存在する。

②は投げた物体の到達できる範囲を表すので，求める境界線（包絡線）は

$$y = -\frac{gx^2}{2V_0^2} + \frac{V_0^2}{2g} \quad \text{（放物線）}$$

である。

（答） $y = -\dfrac{gx^2}{2V_0^2} + \dfrac{V_0^2}{2g}$

別解
$$y = -\frac{gx^2}{2V_0^2}(1+\tan^2\theta) + x\tan\theta \quad \cdots ①$$

を $\tan\theta$ をパラメータとする曲線群とみて，包絡線は式①を $\tan\theta$ で偏微分して 0 とおくと

$$-\frac{gx^2}{2V_0^2}(2\tan\theta) + x = 0$$

すなわち，$\tan\theta = \dfrac{V_0^2}{gx}$ を①に代入すると

$$y = -\frac{gx^2}{2V_0^2}\left(1 + \frac{V_0^4}{g^2x^2}\right) + x \cdot \frac{V_0^2}{gx} = -\frac{gx^2}{2V_0^2} + \frac{V_0^2}{2g}$$

参考　包絡線

α をパラメータとする曲線群 $f(x, y, \alpha) = 0$ の包絡線の式は
$$f(x, y, \alpha) = 0, \quad \frac{\partial f(x, y, \alpha)}{\partial \alpha} = 0$$
から，α を消去してつくられる関係式である。

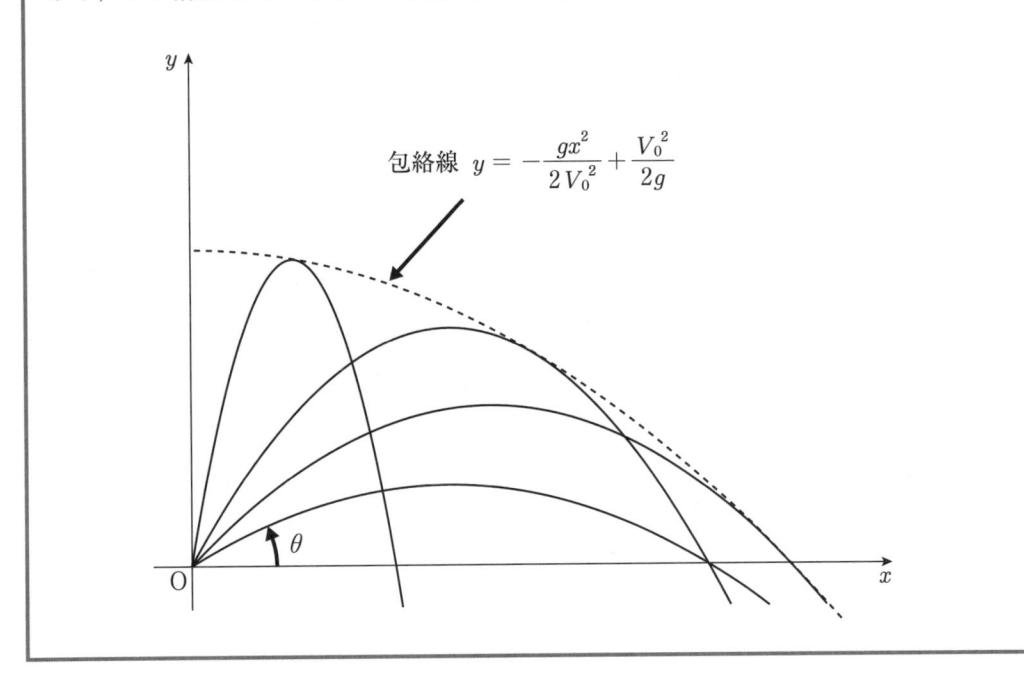

包絡線 $y = -\dfrac{gx^2}{2V_0^2} + \dfrac{V_0^2}{2g}$

問題5.

$y = a \times b^x$ の両辺の常用対数をとると
$$\log_{10} y = \log_{10} a + x \log_{10} b$$
と表される。

ここで $\log_{10} a$，$\log_{10} b$ の値を求めるため，回帰直線による直線のあてはめを行う。
常用対数表を用いて，$\log_{10} y$ の値をそれぞれ求めると，右の表の通りになる。そこで
$$X = x, \quad Y = \log_{10} y$$
とおき，Y の X における回帰直線を求める。

まずは問題文にある $\rho_{XY} \cdot \dfrac{\sigma_Y}{\sigma_X}$ について

x	$\log_{10} y$
0	1.1761
1	1.4624
2	1.6532
3	1.9494
4	2.1847

$$\rho_{XY} \cdot \frac{\sigma_Y}{\sigma_X} = \frac{C_{XY}}{\sigma_X \cdot \sigma_Y} \cdot \frac{\sigma_Y}{\sigma_X} = \frac{C_{XY}}{\sigma_X^2} \quad (C_{XY} \text{は} X \text{と} Y \text{の共分散})$$

$$C_{XY} = E(XY) - E(X)E(Y), \quad \sigma_X^2 = E(X^2) - \{E(X)\}^2$$

が成り立つ。

ここで、$E(X) = \overline{X} = 2$, $E(X^2) = 6$, $E(Y) = \overline{Y} = 1.68516$, $E(XY) = 3.87116$ から

$$\rho_{XY} \cdot \frac{\sigma_Y}{\sigma_X} = \frac{C_{XY}}{\sigma_X^2} = \frac{3.87116 - 2 \times 1.68516}{6 - 2^2} = 0.25042$$

よって、Y の X における回帰直線は

$Y - 1.68516 = 0.25042(X - 2)$

$Y = 0.25042X + 1.18432$

これより

$\log_{10} a = 1.18432, \quad \log_{10} b = 0.25042$

から、常用対数表の中の小数部分が近い値をもつ部分をとって a, b の値を求めると

$a = 15.3, \quad b = 1.78$

である。

（答）　$a = 15.3, \quad b = 1.78$

問題6．

（1）まず、$\mathrm{Ker} f$ が R^n の線形部分空間であること、すなわち任意の a, $b \in \mathrm{Ker} f$ と任意の実数 λ に対して、$a + b \in \mathrm{Ker} f$, $\lambda a \in \mathrm{Ker} f$ が成り立つことを示す。

a, $b \in \mathrm{Ker} f$ より、$f(a) = f(b) = O_m$ であり、f の線形性から

$f(a + b) = f(a) + f(b) = O_m + O_m = O_m$

$f(\lambda a) = \lambda f(a) = \lambda \times O_m = O_m$

よって、$a + b \in \mathrm{Ker} f$, $\lambda a \in \mathrm{Ker} f$ であり、$\mathrm{Ker} f$ は R^n の線形部分空間である。

次に、$\mathrm{Im} f$ が R^m の線形部分空間であることを示す。p, $q \in \mathrm{Im} f$ とし、μ を実数とすると、$f(u) = p$, $f(v) = q$ を満たす u, $v \in R^n$ が存在する。

$u + v \in R^n$, $\mu u \in R^n$ と f の線形性より

$f(u + v) = f(u) + f(v) = p + q, \quad f(\mu u) = \mu f(u) = \mu p$

よって、$p + q \in \mathrm{Im} f$, $\mu p \in \mathrm{Im} f$ であり、$\mathrm{Im} f$ は R^m の線形部分空間である。

（2） A に基本変形を施す。

$$\begin{pmatrix} 3 & -3 & 2 & -2 & 3 \\ 5 & 4 & 2 & 1 & -2 \\ 7 & 2 & -2 & -1 & -4 \\ -2 & 5 & 0 & 3 & -3 \end{pmatrix} \rightarrow \begin{pmatrix} 1 & 2 & 2 & 1 & 0 \\ 5 & 4 & 2 & 1 & -2 \\ 7 & 2 & -2 & -1 & -4 \\ -2 & 5 & 0 & 3 & -3 \end{pmatrix}$$ （第1行に第4行を加えた）

$$\rightarrow \begin{pmatrix} 1 & 2 & 2 & 1 & 0 \\ 0 & -6 & -8 & -4 & -2 \\ 0 & -12 & -16 & -8 & -4 \\ 0 & 9 & 4 & 5 & -3 \end{pmatrix}$$ （第1行×(−5)を第2行に加えた　第1行×(−7)を第3行に加えた　第1行×2を第4行に加えた）

$$\rightarrow \begin{pmatrix} 1 & 2 & 2 & 1 & 0 \\ 0 & 3 & 4 & 2 & 1 \\ 0 & 0 & 0 & 0 & 0 \\ 0 & 9 & 4 & 5 & -3 \end{pmatrix}$$ （第2行×(−2)を第3行に加えた　第2行を(−2)で割った）

$$\rightarrow \begin{pmatrix} 1 & 2 & 2 & 1 & 0 \\ 0 & 3 & 4 & 2 & 1 \\ 0 & 0 & 0 & 0 & 0 \\ 0 & 0 & -8 & -1 & -6 \end{pmatrix}$$ （第2行×(−3)を第4行に加えた）

$$\rightarrow \begin{pmatrix} 1 & 2 & 2 & 1 & 0 \\ 0 & 3 & 4 & 2 & 1 \\ 0 & 0 & 8 & 1 & 6 \\ 0 & 0 & 0 & 0 & 0 \end{pmatrix}$$ 階数（ランク）3　（第4行に(−1)をかけた後，第3行と入れ替えた）

よって，A の階数は3であり，$\dim(\mathrm{Im}\,f) = 3$ から
$$\dim(\mathrm{Ker}\,f) = \dim R^5 - \dim(\mathrm{Im}\,f) = 5 - 3 = 2$$

（答）　$\mathrm{Im}\,f$ の次元は3，$\mathrm{Ker}\,f$ の次元は2

参考　核空間と像空間の次元

次元定理：$\dim R^5 = \dim(\mathrm{Ker}\,f) + \dim(\mathrm{Im}\,f)$ は確実に理解する。

線形写像 f によって像空間 $\mathrm{Im}\,f$ は R^4 の部分空間を生成する。

写像によって像空間の次元は図のように5から3に2次元減少する（つぶれる）イメージとなる。このつぶれた2次元が核空間の次元 $\dim(\mathrm{Ker}\,f) = 2$ を生成する。

第6回　2次：数理技能検定《解答・解説》

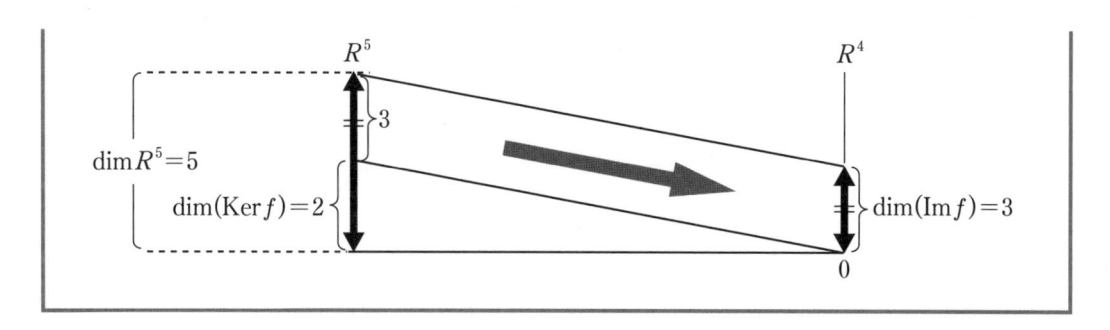

（図：R^5 から R^4 への線形写像 f の模式図。$\dim R^5 = 5$, $\dim(\mathrm{Ker}\,f) = 2$, $\dim(\mathrm{Im}\,f) = 3$）

問題7.

（1）極座標に変換して，$I(f) = \dfrac{1}{\pi}\displaystyle\int_{r=0}^{r=1}\int_{\theta=0}^{\theta=2\pi} f\cdot r\,dr\,d\theta$ として計算する。

$$I(x^2) = \frac{1}{\pi}\int_0^1\int_0^{2\pi} r^2\cos^2\theta\, r\,dr\,d\theta = \frac{1}{\pi}\int_0^1 r^3\,dr\int_0^{2\pi}\cos^2\theta\,d\theta = \frac{1}{\pi}\times\frac{1}{4}\times\pi = \frac{1}{4}$$

$$I(x^4) = \frac{1}{\pi}\int_0^1 r^5\,dr\int_0^{2\pi}\cos^4\theta\,d\theta$$

$\cos 4\theta = 8\cos^4\theta - 8\cos^2\theta + 1$ を 0 から 2π まで積分すると

$$0 = 8\int_0^{2\pi}\cos^4\theta\,d\theta - 8\pi + 2\pi$$

すなわち，$\displaystyle\int_0^{2\pi}\cos^4\theta\,d\theta = \frac{3}{4}\pi$ がわかるので

$$I(x^4) = \frac{1}{\pi}\times\frac{1}{6}\times\frac{3}{4}\pi = \frac{1}{8}$$

$$I(x^2 y^2) = \frac{1}{\pi}\int_0^1 r^5\,dr\int_0^{2\pi}\cos^2\theta\sin^2\theta\,d\theta$$

$\cos^2\theta\sin^2\theta = \dfrac{1}{4}\sin^2 2\theta$ より

$$\int_0^{2\pi}\cos^2\theta\sin^2\theta\,d\theta = \frac{1}{4}\int_0^{2\pi}\sin^2 2\theta\,d\theta$$

$$= \frac{1}{8}\int_0^{2\pi}(1-\cos 4\theta)\,d\theta$$

$$= \frac{1}{8}\left[\theta - \frac{\sin 4\theta}{4}\right]_0^{2\pi} = \frac{1}{8}\cdot 2\pi = \frac{\pi}{4}$$

よって，$I(x^2 y^2) = \dfrac{1}{\pi}\times\dfrac{1}{6}\times\dfrac{\pi}{4} = \dfrac{1}{24}$

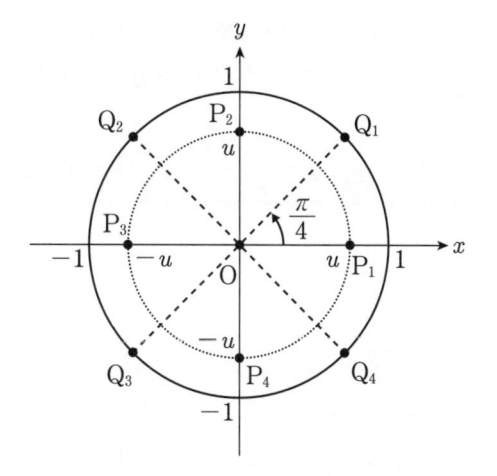

（答）$I(x^2) = \dfrac{1}{4}$，$I(x^4) = \dfrac{1}{8}$，$I(x^2 y^2) = \dfrac{1}{24}$

（2） $f(x, y)$ は変数 x, y について5次以下の多項式 $x^m y^n$ から

0次 ($m=n=0$) のとき，$f(x, y) = 1$
1次 ($m+n=1$) のとき，$f(x, y) = x, y$
2次 ($m+n=2$) のとき，$f(x, y) = xy, x^2, y^2$
3次 ($m+n=3$) のとき，$f(x, y) = x^3, x^2 y, xy^2, y^3$
4次 ($m+n=4$) のとき，$f(x, y) = x^4, x^3 y, x^2 y^2, xy^3, y^4$
5次 ($m+n=5$) のとき，$f(x, y) = x^5, x^4 y, x^3 y^2, x^2 y^3, xy^4, y^5$

$x, y, xy, x^3, x^2 y, xy^2, y^3, x^3 y, xy^3, x^5, x^4 y, x^3 y^2, x^2 y^3, xy^4, y^5$ の積分値はすべて0であるとともに，点の配置が x 軸，y 軸に関して対称なので，$J(f)$ の値もすべて0であって，$I(f) = J(f) = 0$ が成立する。

したがって，$f(x, y)$ は定数1と $x^2, y^2, x^4, x^2 y^2, y^4$ の項のみ考えればよい。

$I(1) = 1$ から

$$c + 4b + 4a = 1 \quad \cdots ①$$

Q_i の座標は $\left(\pm \dfrac{1}{\sqrt{2}}, \pm \dfrac{1}{\sqrt{2}}\right)$，これと $I(x^2) = \dfrac{1}{4}$ から

$$2bu^2 + 4a \times \dfrac{1}{2} = \dfrac{1}{4} \quad \cdots ②$$

さらに，$I(x^4) = \dfrac{1}{8}$ から

$$2bu^4 + 4a \times \dfrac{1}{4} = \dfrac{1}{8} \quad \cdots ③$$

$I(x^2 y^2) = \dfrac{1}{24}$ から，$4a \times \dfrac{1}{4} = \dfrac{1}{24}$，すなわち $a = \dfrac{1}{24}$

これを②，③に代入すると

$$2bu^2 = \dfrac{1}{6}, \quad 2bu^4 = \dfrac{1}{12}$$

これらの比をとると，$u^2 = \dfrac{1}{2}$（すなわち，$u = \dfrac{1}{\sqrt{2}}$）がわかり，$b = \dfrac{1}{6}$ もわかる。

a, b を①に代入すると，$c = \dfrac{1}{6}$

（答）$u = \dfrac{1}{\sqrt{2}}, \ a = \dfrac{1}{24}, \ b = \dfrac{1}{6}, \ c = \dfrac{1}{6}$

第6回 2次：数理技能検定《解答・解説》

参考① $I(f)$ の近似式 $J(f)$ の各項の値

$f(x, y)$	$I(f)$	$f(\mathrm{O})$	$f(\mathrm{P}_1)$	$f(\mathrm{P}_2)$	$f(\mathrm{P}_3)$	$f(\mathrm{P}_4)$	$f(\mathrm{Q}_i)\ (i=1,2,3,4)$
1	1	1	1	1	1	1	1
x^2	$\dfrac{1}{4}$	0	u^2	0	u^2	0	$\dfrac{1}{2}$
y^2	$\dfrac{1}{4}$	0	0	u^2	0	u^2	$\dfrac{1}{2}$
x^4	$\dfrac{1}{8}$	0	u^4	0	u^4	0	$\dfrac{1}{4}$
$x^2 y^2$	$\dfrac{1}{24}$	0	0	0	0	0	$\dfrac{1}{4}$
y^4	$\dfrac{1}{8}$	0	0	u^4	0	u^4	$\dfrac{1}{4}$

参考② 積分値を求めるポイント

5次以下の多項式 $f(x, y) = x^m y^n$ で，m, n の少なくとも一方が奇数ならば，その積分値は 0 になる。このことを示す。

$$I(x^m y^n) = \frac{1}{\pi} \int_0^1 \int_0^{2\pi} (r\cos\theta)^m (r\sin\theta)^n r\, dr\, d\theta$$

$$= \frac{1}{\pi} \cdot \left(\int_0^1 r^{m+n+1} dr\right) \cdot \left(\int_0^{2\pi} \cos^m \theta \sin^n \theta\, d\theta\right) = \frac{1}{\pi(m+n+2)} \cdot \hat{I}_{m, n}$$

$$\hat{I}_{m, n} = \int_0^{2\pi} \cos^m \theta \sin^n \theta\, d\theta = \int_0^{2\pi} (\cos^{m-2}\theta)(\cos^2\theta)\sin^n \theta\, d\theta$$

$$= \int_0^{2\pi} \cos^{m-2}\theta \sin^n \theta\, d\theta - \int_0^{2\pi} \cos^{m-2}\theta \sin^{n+2}\theta\, d\theta = \hat{I}_{m-2, n} - \hat{I}_{m-2, n+2}$$

同様に，$\hat{I}_{m, n} = \displaystyle\int_0^{2\pi} \cos^m \theta \sin^2 \theta (\sin^{n-2}\theta)\, d\theta$

$$= \int_0^{2\pi} \cos^m \theta \sin^{n-2}\theta\, d\theta - \int_0^{2\pi} \cos^{m+2}\theta \sin^{n-2}\theta\, d\theta = \hat{I}_{m, n-2} - \hat{I}_{m+2, n-2}$$

から，$\hat{I}_{m, n}$ の漸化式の添え字である m, n の一方の値の偶奇性を保ったまま下げることができる。さらに

$$\hat{I}_{m, 1} = \int_0^{2\pi} \cos^m \theta \sin\theta\, d\theta = 0,\ \ \hat{I}_{1, n} = \int_0^{2\pi} \cos\theta \sin^n \theta\, d\theta = 0$$

から，m, n の少なくとも一方が奇数である場合は $\hat{I}_{m, n} = 0$ となって，$I(x^m y^n) = 0$ が示される。すなわち，m, n がともに偶数である場合のみ考えればよい。

第7回

- 1次:計算技能検定《問題》 …… 178
- 1次:計算技能検定《解答・解説》 …… 180
- 2次:数理技能検定《問題》 …… 191
- 2次:数理技能検定《解答・解説》 …… 196

実用数学技能検定 1級［完全解説問題集］ 発見

第7回 1次：計算技能検定
《問題》

問題1.
2つの複素数 $3+2i$, $-1+5i$ (i は虚数単位) に対応する複素数平面上の点をそれぞれ A, B とします。点 A, B を頂点とし，線分 AB を対角線の1本とする正方形に関して，残りの2頂点に対応する複素数をそれぞれ求めなさい。

問題2.
次の方程式の実数解をすべて求めなさい。

$$2 \cdot \sqrt[3]{2x-1} = x^3 + 1$$

問題3.
成分がすべて実数である，2次正方行列全体のなす線形空間において，2つの2次正方行列 A, B の内積 (A, B) を次の通りに定義します（このようにして内積を定義できることは証明しなくてかまいません）。

$$(A, B) = \mathrm{tr}({}^t\! AB)$$

ここに2次正方行列 M において ${}^t\! M$ は M の転置行列，$\mathrm{tr}(M)$ は M の対角成分の和を表します。

このとき，2次正方行列 $\begin{pmatrix} 1 & 3 \\ -1 & -2 \end{pmatrix}$ と $\begin{pmatrix} -2 & 2 \\ 3 & -1 \end{pmatrix}$ の（内積から定義される）なす角 θ に対して，$\cos\theta$ の値を求めなさい。

問題 4.

2つの袋 A, B があります。A の袋の中には 10, 20, 30, 40, 50 と書かれたカードがそれぞれ 10 枚入っています。B の袋の中には 0, 1, 2, 5, 10 と書かれたカードがそれぞれ 10 枚, 4 枚, 3 枚, 2 枚, 1 枚入っています。ここで A, B の袋の中からそれぞれ 1 枚ずつ取り出し, 2 枚のカードの数の積を X とします。このとき, 次の問いに答えなさい。

① X の平均を求めなさい。

② X の分散を求めなさい。

問題 5.

3 次正方行列 $M = \begin{pmatrix} x & 1 & 1 \\ 0 & x & 1 \\ 0 & 0 & x \end{pmatrix}$ について, 次の問いに答えなさい。ただし, x は $|x| < 1$ を満たす実数とします。

① k が 2 以上の整数であるとき, M^k の (1, 3) 成分(第 1 行第 3 列の成分)を k, x を用いて表しなさい。

② E を 3 次単位行列とし, $S = E + \sum_{n=1}^{\infty} M^n$ とします。このとき, S の (1, 3) 成分を求め, 関数の(級数を用いない)形で表しなさい。

問題 6.

全微分可能な 2 変数関数 $f(x, y)$ に対して, $g(r, \theta) = f(r\cos\theta, r\sin\theta)$ (r, θ は実数かつ $r > 0$) とおくとき

$$\frac{\partial f}{\partial x} = \frac{\partial g}{\partial r} \cdot a(r, \theta) + \frac{\partial g}{\partial \theta} \cdot b(r, \theta), \quad \frac{\partial f}{\partial y} = \frac{\partial g}{\partial r} \cdot c(r, \theta) + \frac{\partial g}{\partial \theta} \cdot d(r, \theta)$$

を満たす関数 $a(r, \theta), b(r, \theta), c(r, \theta), d(r, \theta)$ をそれぞれ求めなさい。

問題 7.

次の広義積分を計算しなさい。

$$\int_0^{\infty} \frac{1}{(x^2+1)^4} dx$$

第7回 1次：計算技能検定 《解答・解説》

問題1.

図のように，$z_1 = 3+2i$，$z_2 = -1+5i$ として，点Pに対応する複素数を z_P，点Qに対応する複素数を z_Q とすると

$$\begin{cases} z_1 + z_2 = z_P + z_Q & \cdots ① \\ \dfrac{z_2 - z_Q}{z_1 - z_Q} = i & \cdots ② \end{cases}$$

となる。②から

$$z_2 - z_Q = i(z_1 - z_Q)$$
$$-1 + 5i - z_Q = i(3 + 2i - z_Q) = 3i - 2 - iz_Q$$
$$(i-1)z_Q = -2i - 1$$

よって

$$z_Q = \frac{1+2i}{1-i} = \frac{(1+2i)(1+i)}{2} = \frac{1+i+2i-2}{2} = \frac{-1+3i}{2}$$

①に代入して

$$z_P = z_1 + z_2 - z_Q = 3 + 2i - 1 + 5i - \frac{-1+3i}{2} = \frac{5+11i}{2}$$

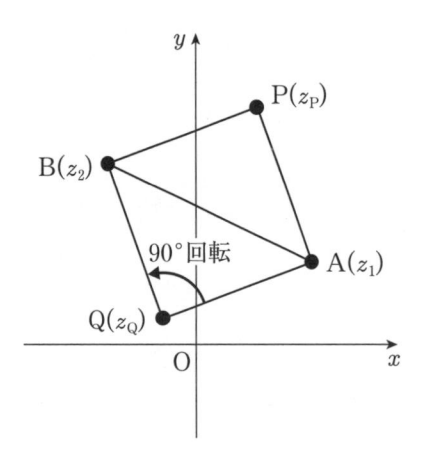

(答) $\dfrac{5+11i}{2}$, $\dfrac{-1+3i}{2}$

別解
$$z_Q - z_1 = (z_2 - z_1) \times \frac{1}{\sqrt{2}}(\cos 45° + i\sin 45°)$$
$$= (-4 + 3i) \times \left(\frac{1}{2} + \frac{1}{2}i\right) = -\frac{7}{2} - \frac{1}{2}i$$

よって
$$z_Q = 3 + 2i - \frac{7}{3} - \frac{1}{2}i = -\frac{1}{2} + \frac{3}{2}i$$

同様に
$$z_P - z_1 = (z_2 - z_1) \times \frac{1}{\sqrt{2}}(\cos(-45°) + i\sin(-45°))$$

より
$$z_P = \frac{5}{2} + \frac{11}{2}i$$

参考 点 α のまわりの回転移動

3つの複素数 z, α, w について，図のように，点 w が点 z を点 α のまわりに θ だけ回転し，かつ絶対値 $|w-\alpha|$ が $|z-\alpha|$ の r 倍になっているとき，次のように表すことができる。

$$w - \alpha = (z - \alpha) \times r(\cos\theta + i\sin\theta)$$

解答では，$r=1$, $\theta=90°$ となって，$\dfrac{w-\alpha}{z-\alpha} = i$ となる。

別解では $r = \dfrac{1}{\sqrt{2}}$, $\theta = \pm 45°$ となる。

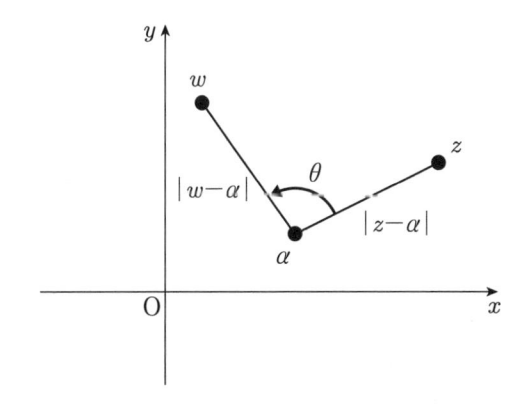

問題2．

$y = \sqrt[3]{2x-1}$ とおくと

$\quad y^3 = 2x - 1$ …①

与式は，$2y = x^3 + 1$ から

$\quad x^3 = 2y - 1$ …②

②－①から

$\quad (x-y)(x^2 + xy + y^2) + 2(x-y) = 0$

$\quad (x-y)(x^2 + xy + y^2 + 2) = 0$

$\quad x = y$ または $x^2 + xy + y^2 + 2 = 0$

ここで，$x = y$ を①に代入すると

$\quad x^3 - 2x + 1 = 0$

$\quad (x-1)(x^2 + x - 1) = 0$

$\quad x = 1, \dfrac{-1 \pm \sqrt{5}}{2}$

また，$x^2 + xy + y^2 + 2 = 0$ は次のように変形できる。

$\left(x + \dfrac{y}{2}\right)^2 + \dfrac{3}{4}y^2 = -2$

$\left(x + \dfrac{y}{2}\right)^2 + \dfrac{3}{4}y^2 \geqq 0$ より，上式を満たす実数 x，y は存在しない。

よって，求める方程式の解は，$x = 1, \dfrac{-1 \pm \sqrt{5}}{2}$ となる。

（答）　$x = 1, \dfrac{-1 \pm \sqrt{5}}{2}$

参考① $y^3 = 2x - 1$ と $x^3 = 2y - 1$ の関係

$\quad y^3 = 2x - 1$ …①

$\quad x^3 = 2y - 1$ …②

①，②は逆関数の関係で，①，②の交点は $y = x$ との交点でもあるので，①に $y = x$ を代入した $x^3 - 2x + 1 = 0$ を解いて交点を求めることができる。

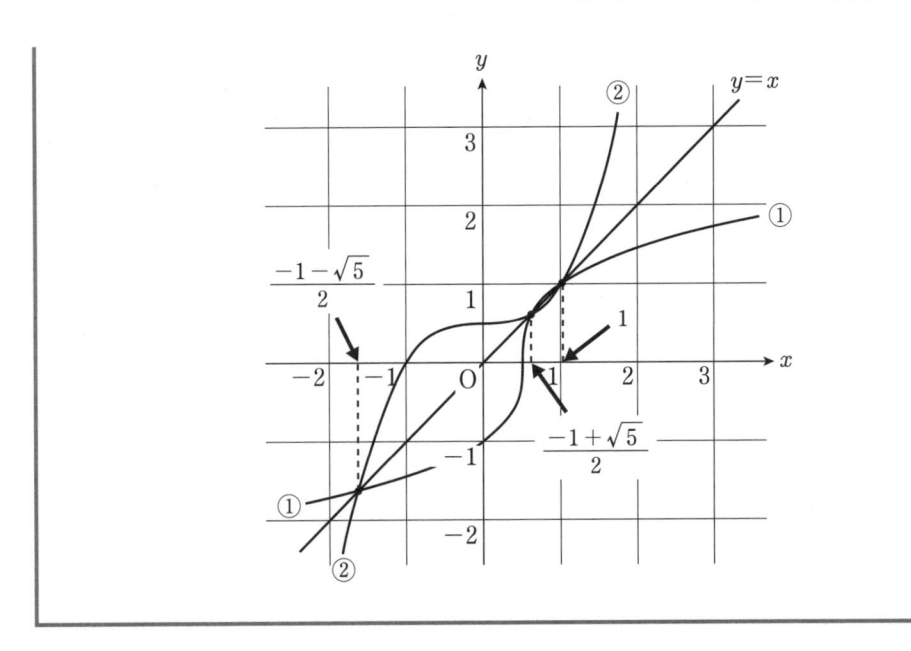

第7回　1次：計算技能検定《解答・解説》

参考❷ $y = x^3 + 1$ と $y = 2\cdot\sqrt[3]{2x-1}$ のグラフ

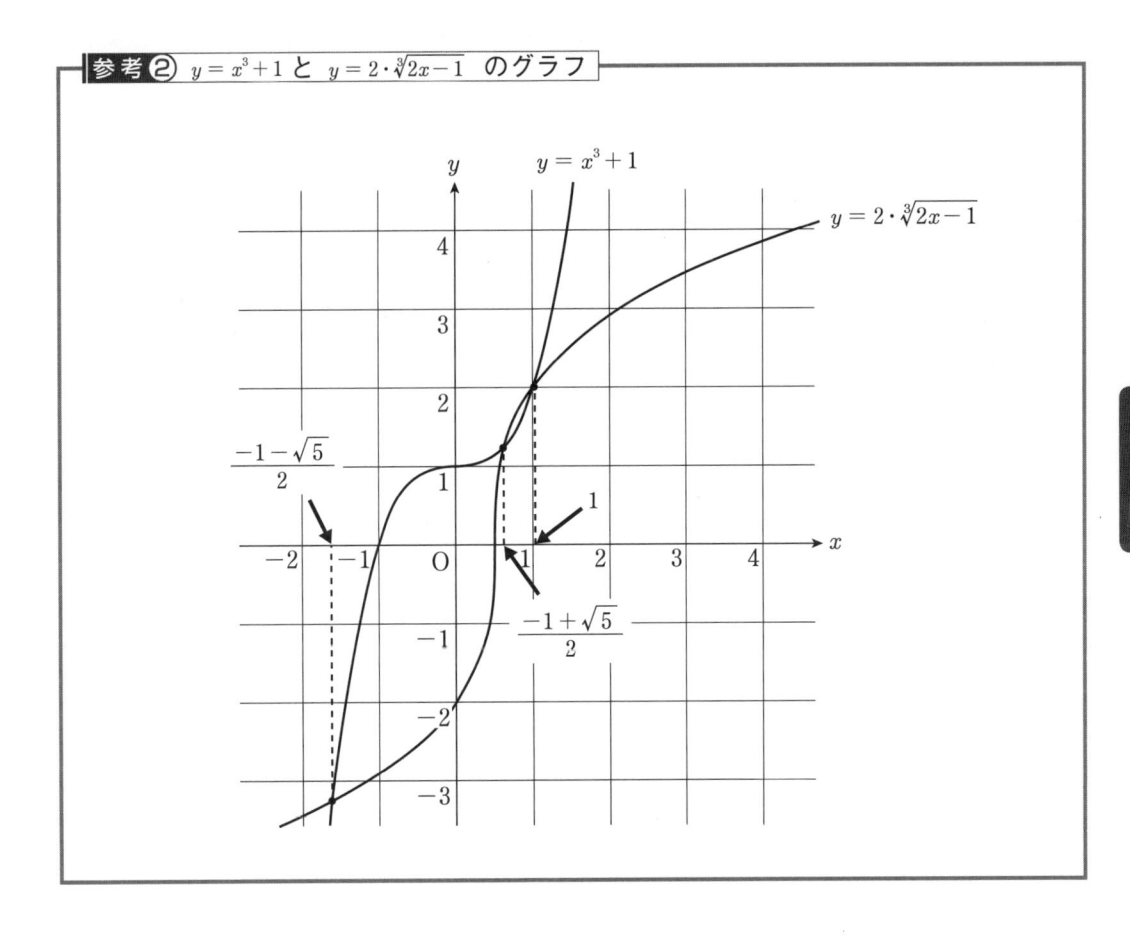

問題３．

$A = \begin{pmatrix} 1 & 3 \\ -1 & -2 \end{pmatrix}$, $B = \begin{pmatrix} -2 & 2 \\ 3 & -1 \end{pmatrix}$ とする。

${}^t\!AB = \begin{pmatrix} 1 & -1 \\ 3 & -2 \end{pmatrix}\begin{pmatrix} -2 & 2 \\ 3 & -1 \end{pmatrix} = \begin{pmatrix} -5 & 3 \\ -12 & 8 \end{pmatrix}$ から

$(A, B) = \mathrm{tr}({}^t\!AB) = -5 + 8 = 3$

${}^t\!AA = \begin{pmatrix} 1 & -1 \\ 3 & -2 \end{pmatrix}\begin{pmatrix} 1 & 3 \\ -1 & -2 \end{pmatrix} = \begin{pmatrix} 2 & 5 \\ 5 & 13 \end{pmatrix}$

${}^t\!BB = \begin{pmatrix} -2 & 3 \\ 2 & -1 \end{pmatrix}\begin{pmatrix} -2 & 2 \\ 3 & -1 \end{pmatrix} = \begin{pmatrix} 13 & -7 \\ -7 & 5 \end{pmatrix}$

よって

$(A, A) = \mathrm{tr}({}^t\!AA) = 2 + 13 = 15$, $(B, B) = \mathrm{tr}({}^t\!BB) = 13 + 5 = 18$

以上から

$\cos\theta = \dfrac{(A, B)}{\sqrt{(A, A)} \cdot \sqrt{(B, B)}} = \dfrac{3}{\sqrt{15} \cdot \sqrt{18}} = \dfrac{3}{\sqrt{15} \cdot 3\sqrt{2}} = \dfrac{1}{\sqrt{30}}$

（答）　$\dfrac{1}{\sqrt{30}}$

参考

内積の定義に従って，なす角 θ に対する $\cos\theta$ を計算する。

$\cos\theta = \dfrac{(A, B)}{\sqrt{(A, A)} \cdot \sqrt{(B, B)}} = \dfrac{\mathrm{tr}({}^t\!AB)}{\sqrt{\mathrm{tr}({}^t\!AA)} \cdot \sqrt{\mathrm{tr}({}^t\!BB)}}$

問題４．

① A，Bの袋の中から取り出されるカードの数をそれぞれ確率変数 Y，Z とすると $X = YZ$ である。このとき

$E(Y) = (10 + 20 + 30 + 40 + 50) \times \dfrac{10}{50} = 30$

$E(Z) = 0 \times \dfrac{10}{20} + 1 \times \dfrac{4}{20} + 2 \times \dfrac{3}{20} + 5 \times \dfrac{2}{20} + 10 \times \dfrac{1}{20} = \dfrac{30}{20} = 1.5$

Y と Z は互いに独立なので
$$E(YZ) = E(Y)E(Z) = 30 \times 1.5 = 45$$

(答) 45

② Y^2 と Z^2 も互いに独立なので
$$E(Y^2) = (10^2 + 20^2 + 30^2 + 40^2 + 50^2) \times \frac{10}{50} = 1100$$
$$E(Z^2) = 0^2 \times \frac{10}{20} + 1^2 \times \frac{4}{20} + 2^2 \times \frac{3}{20} + 5^2 \times \frac{2}{20} + 10^2 \times \frac{1}{20} = \frac{166}{20} = 8.3$$
$$E(X^2) = E((YZ)^2) = E(Y^2 Z^2) = E(Y^2) \times E(Z^2) = 1100 \times 8.3 = 9130$$
求める分散 $V(X) = V(YZ)$ は
$$V(YZ) = E((YZ)^2) - \{E(YZ)\}^2 = 9130 - 45^2 = 7105$$

(答) 7105

参考①　分散の注意点

$V(YZ) \neq V(Y)V(Z)$ であることに注意すること。実際に確かめると
$$V(Y) = E(Y^2) - \{E(Y)\}^2 = 1100 - 30^2 = 200$$
$$V(Z) = E(Z^2) - \{E(Z)\}^2 = 8.3 - 1.5^2 = 6.05$$
より，$V(Y)V(Z) = 200 \times 6.05 = 1210 \neq V(YZ) = 7105$ であることがわかる。

参考②　平均と分散

2つの確率変数 X, Y があるとき，一般的に次の関係がある。
- $E(X+Y) = E(X) + E(Y)$
- $V(X+Y) = V(X) + V(Y) + 2\mathrm{Cov}(X, Y)$
    共分散 $\mathrm{Cov}(X, Y) = E\{(X - E(X)) \cdot (Y - E(Y))\}$

X, Y が互いに独立ならば，$\mathrm{Cov}(X, Y) = 0$ より
- $E(XY) = E(X)E(Y)$　　…　本問で利用
- $V(X+Y) = V(X) + V(Y)$

ただし，$V(XY) \neq V(X)V(Y)$ である。
$E(XY) = E(X)E(Y)$ から，$V(XY) = V(X)V(Y)$ と勘違いをしないように！

問題5.

① E を3次単位行列とし，$N = \begin{pmatrix} 0 & 1 & 1 \\ 0 & 0 & 1 \\ 0 & 0 & 0 \end{pmatrix}$ とすると，$M = xE + N$ と表される．

$EN = NE$ から二項定理が適用でき，$N^2 = \begin{pmatrix} 0 & 0 & 1 \\ 0 & 0 & 0 \\ 0 & 0 & 0 \end{pmatrix}$, $N^3 = \begin{pmatrix} 0 & 0 & 0 \\ 0 & 0 & 0 \\ 0 & 0 & 0 \end{pmatrix} = O$ と N の3乗以上で零行列になるので

$$M^k = (xE + N)^k = \sum_{r=0}^{k} \{{}_k C_r \cdot (xE)^{k-r} N^r\} = \sum_{r=0}^{k} \{{}_k C_r \cdot x^{k-r} \cdot N^r\}$$

$$= x^k E + k x^{k-1} N + \frac{k(k-1)}{2} x^{k-2} N^2$$

$$= \begin{pmatrix} x^k & 0 & 0 \\ 0 & x^k & 0 \\ 0 & 0 & x^k \end{pmatrix} + k \begin{pmatrix} 0 & x^{k-1} & x^{k-1} \\ 0 & 0 & x^{k-1} \\ 0 & 0 & 0 \end{pmatrix} + \frac{k(k-1)}{2} \begin{pmatrix} 0 & 0 & x^{k-2} \\ 0 & 0 & 0 \\ 0 & 0 & 0 \end{pmatrix}$$

から，M^k の $(1, 3)$ 成分は，$k x^{k-1} + \dfrac{k(k-1) x^{k-2}}{2}$ $(k \geqq 2)$ となる．

(答)　$k x^{k-1} + \dfrac{k(k-1) x^{k-2}}{2}$

---

② $S = E + \sum_{n=1}^{\infty} M^n = E + M + M^2 + M^3 + \cdots$

$$= \begin{pmatrix} 1 & 0 & 0 \\ 0 & 1 & 0 \\ 0 & 0 & 1 \end{pmatrix} + \begin{pmatrix} x & 1 & 1 \\ 0 & x & 1 \\ 0 & 0 & x \end{pmatrix} + \sum_{k=2}^{\infty} M^k \quad (k \geqq 2)$$

S の $(1, 3)$ 成分は，$1 + \sum_{k=2}^{\infty} \left(k x^{k-1} + \dfrac{k(k-1)}{2} x^{k-2} \right)$ となる．これを $f(x)$ とおくと

$$f(x) = 1 + \sum_{k=2}^{\infty} \left(k x^{k-1} + \dfrac{k(k-1)}{2} x^{k-2} \right)$$

$$= 1 + 2x + 1 + 3x^2 + \frac{3 \cdot 2}{2} x + 4x^3 + \frac{4 \cdot 3}{2} x^2 + 5x^4 + \frac{5 \cdot 4}{2} x^3 + 6x^5 + \frac{6 \cdot 5}{2} x^4 + \cdots$$

$$= 2 + 5x + 9x^2 + 14x^3 + 20x^4 + \cdots + \frac{(n+1)(n+4)}{2} x^n + \cdots \quad ㋐$$

㋐×x で
$$xf(x) = 2x + 5x^2 + 9x^3 + 14x^4 + \cdots \quad ㋑$$

㋐−㋑で
$$(1-x)f(x) = 2 + 3x + 4x^2 + 5x^3 + 6x^4 + \cdots \quad ㋒$$

また，㋒×x で
$$x(1-x)f(x) = 2x + 3x^2 + 4x^3 + 5x^4 + 6x^5 + \cdots \quad ㋓$$

㋒−㋓で
$$(1-x)f(x) - x(1-x)f(x) = 2 + x + x^2 + x^3 + x^4 + \cdots$$
$$(1-x)^2 f(x) = 1 + 1 + x + x^2 + x^3 + x^4 + \cdots$$

$|x| < 1$ であるから
$$(1-x)^2 f(x) = 1 + \frac{1}{1-x} = \frac{2-x}{1-x}$$

よって，$f(x) = \dfrac{2-x}{(1-x)^3}$ と求められる。

（答）$\dfrac{2-x}{(1-x)^3}$

別解 S の $(1, 3)$ 成分
$$f(x) = 1 + \sum_{k=2}^{\infty} \left(kx^{k-1} + \frac{k(k-1)}{2} x^{k-2} \right)$$
$$= 1 + \sum_{k=2}^{\infty} kx^{k-1} + \sum_{k=2}^{\infty} \frac{k(k-1)}{2} x^{k-2} \quad ㋔$$

に対して
$$g(x) = \sum_{k=0}^{\infty} x^k = \frac{1}{1-x} \quad (|x| < 1)$$

とおくと
$$g'(x) = \sum_{k=1}^{\infty} kx^{k-1} = 1 + \sum_{k=2}^{\infty} kx^{k-1} = \frac{1}{(1-x)^2}$$
$$g''(x) = \sum_{k=2}^{\infty} k(k-1) x^{k-2} = \frac{2}{(1-x)^3}$$

これらを㋔に代入すると
$$f(x) = g'(x) + \frac{g''(x)}{2} = \frac{1}{(1-x)^2} + \frac{1}{(1-x)^3} = \frac{2-x}{(1-x)^3}$$

> **参考** 冪零行列
>
> ある正の整数 k で $M^k=0$ が成り立つ行列を冪零行列 (nilpotent matrix) という。
> $N = \begin{pmatrix} 0 & 1 & 1 \\ 0 & 0 & 1 \\ 0 & 0 & 0 \end{pmatrix}$ は，N^k（$k \geq 3$ の整数）で零行列になる冪零行列である。

問題6.

合成関数に関する偏微分の連鎖律（chain rule）から

$$\frac{\partial f}{\partial x} = \frac{\partial g}{\partial r} \cdot \frac{\partial r}{\partial x} + \frac{\partial g}{\partial \theta} \cdot \frac{\partial \theta}{\partial x} = \frac{\partial g}{\partial r} \cdot a(r,\theta) + \frac{\partial g}{\partial \theta} \cdot b(r,\theta)$$

$$\frac{\partial f}{\partial y} = \frac{\partial g}{\partial r} \cdot \frac{\partial r}{\partial y} + \frac{\partial g}{\partial \theta} \cdot \frac{\partial \theta}{\partial y} = \frac{\partial g}{\partial r} \cdot c(r,\theta) + \frac{\partial g}{\partial \theta} \cdot d(r,\theta)$$

$r = \sqrt{x^2+y^2}$, $\theta = \tan^{-1}\frac{y}{x}$ から

$$a(r,\theta) = \frac{\partial r}{\partial x} = \frac{x}{r} = \frac{r\cos\theta}{r} = \cos\theta, \quad c(r,\theta) = \frac{\partial r}{\partial y} = \frac{y}{r} = \frac{r\sin\theta}{r} = \sin\theta$$

$$b(r,\theta) = \frac{\partial \theta}{\partial x} = \frac{-\dfrac{y}{x^2}}{1+\left(\dfrac{y}{x}\right)^2} = -\frac{y}{x^2} \cdot \frac{x^2}{x^2+y^2} = -\frac{y}{x^2+y^2} = -\frac{r\sin\theta}{r^2} = -\frac{\sin\theta}{r}$$

$$d(r,\theta) = \frac{\partial \theta}{\partial y} = \frac{\dfrac{1}{x}}{1+\left(\dfrac{y}{x}\right)^2} = \frac{1}{x} \cdot \frac{x^2}{x^2+y^2} = \frac{x}{x^2+y^2} = \frac{r\cos\theta}{r^2} = \frac{\cos\theta}{r}$$

（答） $a(r,\theta) = \cos\theta$, $b(r,\theta) = -\dfrac{\sin\theta}{r}$, $c(r,\theta) = \sin\theta$, $d(r,\theta) = \dfrac{\cos\theta}{r}$

> **別解** $x = r\cos\theta$, $y = r\sin\theta$ で
>
> $$\frac{\partial g}{\partial r} = \frac{\partial f}{\partial x} \cdot \frac{\partial x}{\partial r} + \frac{\partial f}{\partial y} \cdot \frac{\partial y}{\partial r} = \frac{\partial f}{\partial x}\cos\theta + \frac{\partial f}{\partial y}\sin\theta \qquad \cdots ①$$
>
> $$\frac{\partial g}{\partial \theta} = \frac{\partial f}{\partial x} \cdot \frac{\partial x}{\partial \theta} + \frac{\partial f}{\partial y} \cdot \frac{\partial y}{\partial \theta} = \frac{\partial f}{\partial x} \cdot (-r\sin\theta) + \frac{\partial f}{\partial y} \cdot (r\cos\theta) \qquad \cdots ②$$

①, ②を行列で表すと

$$\begin{pmatrix} \cos\theta & \sin\theta \\ -r\sin\theta & r\cos\theta \end{pmatrix} \begin{pmatrix} \dfrac{\partial f}{\partial x} \\ \dfrac{\partial f}{\partial y} \end{pmatrix} = \begin{pmatrix} \dfrac{\partial g}{\partial r} \\ \dfrac{\partial g}{\partial \theta} \end{pmatrix}$$

これより

$$\begin{pmatrix} \dfrac{\partial f}{\partial x} \\ \dfrac{\partial f}{\partial y} \end{pmatrix} = \begin{pmatrix} \cos\theta & \sin\theta \\ -r\sin\theta & r\cos\theta \end{pmatrix}^{-1} \begin{pmatrix} \dfrac{\partial g}{\partial r} \\ \dfrac{\partial g}{\partial \theta} \end{pmatrix} = \dfrac{1}{r}\begin{pmatrix} r\cos\theta & -\sin\theta \\ r\sin\theta & \cos\theta \end{pmatrix} \begin{pmatrix} \dfrac{\partial g}{\partial r} \\ \dfrac{\partial g}{\partial \theta} \end{pmatrix}$$

$$= \begin{pmatrix} \dfrac{\partial g}{\partial r}\cos\theta - \dfrac{\partial g}{\partial \theta}\cdot\dfrac{\sin\theta}{r} \\ \dfrac{\partial g}{\partial r}\sin\theta + \dfrac{\partial g}{\partial \theta}\cdot\dfrac{\cos\theta}{r} \end{pmatrix}$$

よって

$$\dfrac{\partial f}{\partial x} = \dfrac{\partial g}{\partial r}\cdot\cos\theta - \dfrac{\partial g}{\partial \theta}\cdot\dfrac{\sin\theta}{r},\quad \dfrac{\partial f}{\partial y} = \dfrac{\partial g}{\partial r}\cdot\sin\theta + \dfrac{\partial g}{\partial \theta}\cdot\dfrac{\cos\theta}{r}$$

より, 解答が得られる。

問題7.

$x = \tan\theta$ とおく。$x^2+1 = \dfrac{1}{\cos^2\theta}$, $dx = \dfrac{d\theta}{\cos^2\theta}$ から

x	$0 \to \infty$
θ	$0 \to \dfrac{\pi}{2}$

$$\int_0^\infty \dfrac{1}{(x^2+1)^4}dx = \int_0^{\frac{\pi}{2}} \dfrac{\cos^8\theta}{\cos^2\theta}d\theta = \int_0^{\frac{\pi}{2}} \cos^6\theta\, d\theta$$

$I_n = \displaystyle\int_0^{\frac{\pi}{2}} \cos^n\theta\, d\theta$ とおくと

$$\begin{cases} n\text{が偶数のとき}, & I_n = \dfrac{n-1}{n}\cdot\dfrac{n-3}{n-2}\cdot\dfrac{n-5}{n-4}\cdot\cdots\cdot\dfrac{1}{2}\cdot\dfrac{\pi}{2} \\ n\text{が奇数のとき}, & I_n = \dfrac{n-1}{n}\cdot\dfrac{n-3}{n-2}\cdot\dfrac{n-5}{n-4}\cdot\cdots\cdot\dfrac{6}{7}\cdot\dfrac{4}{5}\cdot\dfrac{2}{3} \end{cases}$$

であるから, $n=6$ の偶数のとき

$$I_6 = \dfrac{5}{6}\cdot\dfrac{3}{4}\cdot\dfrac{1}{2}\cdot\dfrac{\pi}{2} = \dfrac{5}{32}\pi$$

(答) $\dfrac{5}{32}\pi$

第7回 1次：計算技能検定《解答・解説》

参考① I_n の計算

$I_n = \int_0^{\frac{\pi}{2}} \cos^n\theta\, d\theta$ に対し，漸化式 $I_n = \dfrac{n-1}{n} I_{n-2}$ が成り立つことは容易に確認できる。
この式から，n が偶数，奇数のそれぞれにおいて，前ページの結果が得られる。
なお，$I_n = \int_0^{\frac{\pi}{2}} \sin^n\theta\, d\theta$ に対しても同じ結果が得られる。

参考② 留数の計算

複素関数の留数計算で本問を解くことができる。ここでは，計算の概要を記すに留める。詳細な内容に関心ある読者は，「複素関数」に関する書籍を参照していただきたい。

$$\int_0^\infty \frac{1}{(x^2+1)^4}\, dx = \frac{1}{2}\int_{-\infty}^\infty \frac{1}{(x^2+1)^4}\, dx$$

として，$\int_{-\infty}^\infty \dfrac{1}{(z^2+1)^4}\, dz$ を計算する。

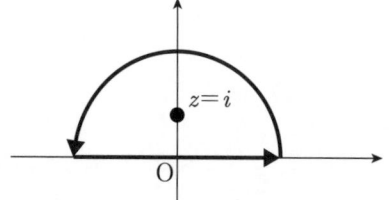

$f(z) = \dfrac{1}{(z^2+1)^4}$ は，上半平面内で4位の極 $z=i$ をもつので

$$\int_{-\infty}^\infty f(z)\, dz = \int_{-\infty}^\infty \frac{1}{(z^2+1)^4}\, dz = 2\pi i \operatorname{Res} f(z,\, i) \quad \cdots ①$$

4位の極 $z=i$ における留数 $\operatorname{Res} f(z, i)$ を計算する。

$$\operatorname{Res} f(z,\, i) = \frac{1}{3!} \lim_{z \to i} \frac{d^3}{dz^3}\left[(z-i)^4 \frac{1}{(z^2+1)^4}\right]$$

$$= \frac{1}{6} \lim_{z \to i} \frac{d^3}{dz^3}\left[\frac{(z-i)^4}{(z+i)^4(z-i)^4}\right] = \frac{1}{6} \lim_{z \to i} \frac{d^3}{dz^3}\left[\frac{1}{(z+i)^4}\right]$$

ここで，$\dfrac{d^3}{dz^3}\left[\dfrac{1}{(z+i)^4}\right] = (-4)(-5)(-6)\dfrac{1}{(z+i)^7}$ から

$$\operatorname{Res} f(z,\, i) = \frac{1}{6} \lim_{z \to i} \frac{d^3}{dz^3}\left[\frac{1}{(z+1)^4}\right] = \frac{1}{6}(-1)4 \cdot 5 \cdot 6 \frac{1}{(2i)^7} = \frac{5}{2^5 i}$$

よって，①から

$$\int_{-\infty}^\infty \frac{1}{(z^2+1)^4}\, dz = 2\pi i \operatorname{Res} f(z,\, i) = 2\pi i \times \frac{5}{2^5 i} = \frac{5}{16}\pi$$

$$\int_0^\infty \frac{1}{(z^2+1)^4}\, dz = \frac{1}{2} \times \frac{5}{16}\pi = \frac{5\pi}{32}$$

となって，これが求める答となる。

第7回 2次：数理技能検定 《問題》

問題1．（選択）

$x^2+5x+6=0$ と $x^2+5x-6=0$ のように，正の整数 p, q に対して2つの2次方程式

$\quad x^2+px+q=0 \quad \cdots$ ①

$\quad x^2+px-q=0 \quad \cdots$ ②

がともに2個の整数解をもつ場合があり，そのような p, q の組は無限個存在します。このとき，①，②とも2個の整数解が互いに素であるという条件の下で p, q の一般式を求めなさい。ただし，（負を含む）2つの整数 a, b が互いに素であるとは，$|a|$, $|b|$ の（正の）最大公約数が1であることをいいます。

問題2．（選択）

次の極限値を求めなさい。

$$\lim_{x \to 1-0} \sum_{k=0}^{\infty} \frac{x^{2k+1} - x^{2(2k+1)}}{2k+1}$$

問題3．（選択）

平面上に1辺の長さが l である正三角形 ABC があります。この三角形の内部のある1点 P からそれぞれの頂点までの距離について，AP$=u$, BP$=v$, CP$=w$ であるとし，S を3辺の長さが u, v, w である三角形の面積とします。このとき，l^2 を u, v, w, S の多項式で表しなさい。

（表現技能）

第7回　2次：数理技能検定《問題》

問題4．（選択）

表裏の区別がある1枚の硬貨があります。この硬貨を投げたとき，表と裏の出る確率が等しいといえるかどうかを次の方法で検定を行います。

- 硬貨を400回投げ，表の出る回数を X とする。
- 表の出る確率を p とし，帰無仮説 H_0 を $p = \dfrac{1}{2}$，対立仮説 H_1 を $p \neq \dfrac{1}{2}$ として両側検定を行う。
- 検定を行う際，X の確率分布を正規分布によって近似する。

このとき，次の問いに答えなさい。　　　　　　　　　　　　　　　　（統計技能）

（1）有意水準を0.02とするとき，帰無仮説を棄却し，「この硬貨を投げたとき，表と裏の出る確率が異なる」と結論できるような X の範囲を求めなさい。202ページにある正規分布表の値のうち，最も近い値を用いて答えなさい。

（2）実際に硬貨を400回投げたところ，表が181回出ました。この場合において，帰無仮説を棄却し「この硬貨を投げたとき，表と裏の出る確率が異なる」と結論するとき，そのことが正しくない，すなわち実際には帰無仮説が真なのにそれを棄却してしまう（これを第一種の過誤といいます）確率を，202ページにある正規分布表の値を用いて求めなさい。答えは小数第4位を切り上げて小数第3位まで求めなさい。

問題5．（選択）

ある数学の教諭が高校3年の生徒に次の問題を出題しました。

> xy 平面上の原点 O を中心とした半径1の円周上の異なる2点 $A(a, b)$, $B(u, v)$ を，線分 AB が O を通らないように定めます。このとき，2点 A，B における接線の交点 C の座標を a, b, u, v を用いて表しなさい。

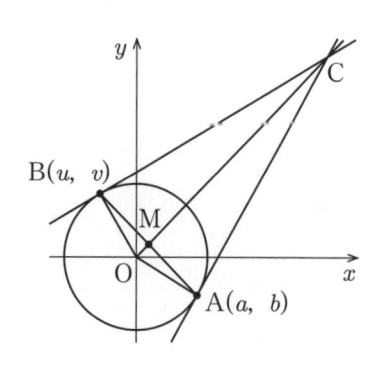

この問題に対し，その教諭は次の解答を用意しました。

> 2点 A，B における円の接線の方程式はそれぞれ
> $$ax + by = 1, \quad ux + vy = 1 \quad \cdots (*)$$
> である。ここで線分 AB は O を通らないので，$av - bu \neq 0$
> このとき，$(*)$ を x と y に関する連立方程式として解くと
> $$x = \frac{v-b}{av-bu}, \quad y = \frac{a-u}{av-bu}$$
> であることから，求める点 C の座標は
> $$\left(\frac{v-b}{av-bu}, \frac{a-u}{av-bu} \right) \quad \cdots ①$$
> である。

ところがこの問題に対し，ある生徒が次のように答えました。

> 点 C は線分 AB の中点 M に対し半直線 OM 上にあり，$\triangle AMO \backsim \triangle CAO$ であることから，$OM \times OC = 1$ である。また，M の座標は $\left(\frac{a+u}{2}, \frac{b+v}{2} \right)$ であることから，C の座標は $\left(\frac{k(a+u)}{2}, \frac{k(b+v)}{2} \right)$ $(k>1)$ と表される。このとき
> $$OM^2 = \left(\frac{a+u}{2} \right)^2 + \left(\frac{b+v}{2} \right)^2 = \frac{a^2 + 2au + u^2 + b^2 + 2bv + v^2}{4}$$
> ここで点 A，B は円 $x^2 + y^2 = 1$ 上にあることから $a^2 + b^2 = 1$，$u^2 + v^2 = 1$ が成り立つ。これより $OM^2 = \frac{1 + au + bv}{2}$ がいえる。ここで $OC = kOM$ であることから $kOM^2 = 1$，すなわち
> $$k = \frac{1}{OM^2} = \frac{2}{1 + au + bv}$$
> よって，求める点 C の座標は
> $$\left(\frac{a+u}{1+au+bv}, \frac{b+v}{1+au+bv} \right) \quad \cdots ②$$
> である。

上のようにして求めた②は正しいでしょうか。正しいならば，点 C の座標を①と見かけ上異なる②のように表してもよい理由を説明しなさい。正しくないならば，正しくない理由を説明しなさい。

問題6．（必須）

4次正方行列 $A = \begin{pmatrix} 2 & 3 & 1 & 1 \\ 3 & 2 & 1 & 1 \\ 1 & 1 & 2 & 3 \\ 1 & 1 & 3 & 2 \end{pmatrix}$ について，次の問いに答えなさい。

（1） A の固有値を重複度も含めて求めなさい。
（2） O を4次の零行列とします。このとき
$$f(A) = O$$
を満たす定数でない1変数多項式 $f(x)$ のうち，次数が最小かつ x の最高次の係数が1であるもの（これを A の最小多項式といいます）を求めなさい。

問題7．（必須）

1838年にピエール＝フランソワ・フェルフルストが人口増加について論じた中で，それを表す式として微分方程式
$$\frac{dy}{dx} = r\left(\frac{K-y}{K}\right)y$$
を提案しました（y は x の関数）。この方程式はロジスティック式といい，主に生物の個体数の増加に関するモデルとして用いられています。ここに K, r はともに正の定数で，それぞれ環境収容力，（相対）内的増加率と呼ばれます。この微分方程式において $r = 1$ とするとき，次の問いに答えなさい。

（1） 上の微分方程式を初期条件：$x = 0$ のとき $y = \dfrac{K}{1+e}$ の下で解きなさい。ただし，e を自然対数の底とします。

（2） （1）で求めた関数のグラフの概形を，説明をつけてかきなさい。

正規分布表

下の表は確率変数 X が平均 0，分散 1 の正規分布に従うときの $0 \leq X \leq u$ である確率を表します。

u	0.00	0.01	0.02	0.03	0.04	0.05	0.06	0.07	0.08	0.09
0.0	0.00000	0.00399	0.00798	0.01197	0.01595	0.01994	0.02392	0.02790	0.03188	0.03586
0.1	0.03983	0.04380	0.04776	0.05172	0.05567	0.05962	0.06356	0.06749	0.07142	0.07535
0.2	0.07926	0.08317	0.08706	0.09095	0.09483	0.09871	0.10257	0.10642	0.11026	0.11409
0.3	0.11791	0.12172	0.12552	0.12930	0.13307	0.13683	0.14058	0.14431	0.14803	0.15173
0.4	0.15542	0.15910	0.16276	0.16640	0.17003	0.17364	0.17724	0.18082	0.18439	0.18793
0.5	0.19146	0.19497	0.19847	0.20194	0.20540	0.20884	0.21226	0.21566	0.21904	0.22240
0.6	0.22575	0.22907	0.23237	0.23565	0.23891	0.24215	0.24537	0.24857	0.25175	0.25490
0.7	0.25804	0.26115	0.26424	0.26730	0.27035	0.27337	0.27637	0.27935	0.28230	0.28524
0.8	0.28814	0.29103	0.29389	0.29673	0.29955	0.30234	0.30511	0.30785	0.31057	0.31327
0.9	0.31594	0.31859	0.32121	0.32381	0.32639	0.32894	0.33147	0.33398	0.33646	0.33891
1.0	0.34134	0.34375	0.34614	0.34849	0.35083	0.35314	0.35543	0.35769	0.35993	0.36214
1.1	0.36433	0.36650	0.36864	0.37076	0.37286	0.37493	0.37698	0.37900	0.38100	0.38298
1.2	0.38493	0.38686	0.38877	0.39065	0.39251	0.39435	0.39617	0.39796	0.39973	0.40147
1.3	0.40320	0.40490	0.40658	0.40824	0.40988	0.41149	0.41309	0.41466	0.41621	0.41774
1.4	0.41924	0.42073	0.42220	0.42364	0.42507	0.42647	0.42785	0.42922	0.43056	0.43189
1.5	0.43319	0.43448	0.43574	0.43699	0.43822	0.43943	0.44062	0.44179	0.44295	0.44408
1.6	0.44520	0.44630	0.44738	0.44845	0.44950	0.45053	0.45154	0.45254	0.45352	0.45449
1.7	0.45543	0.45637	0.45728	0.45818	0.45907	0.45994	0.46080	0.46164	0.46246	0.46327
1.8	0.46407	0.46485	0.46562	0.46638	0.46712	0.46784	0.46856	0.46926	0.46995	0.47062
1.9	0.47128	0.47193	0.47257	0.47320	0.47381	0.47441	0.47500	0.47558	0.47615	0.47670
2.0	0.47725	0.47778	0.47831	0.47882	0.47932	0.47982	0.48030	0.48077	0.48124	0.48169
2.1	0.48214	0.48257	0.48300	0.48341	0.48382	0.48422	0.48461	0.48500	0.48537	0.48574
2.2	0.48610	0.48645	0.48679	0.48713	0.48745	0.48778	0.48809	0.48840	0.48870	0.48899
2.3	0.48928	0.48956	0.48983	0.49010	0.49036	0.49061	0.49086	0.49111	0.49134	0.49158
2.4	0.49180	0.49202	0.49224	0.49245	0.49266	0.49286	0.49305	0.49324	0.49343	0.49361
2.5	0.49379	0.49396	0.49413	0.49430	0.49446	0.49461	0.49477	0.49492	0.49506	0.49520
2.6	0.49534	0.49547	0.49560	0.49573	0.49585	0.49598	0.49609	0.49621	0.49632	0.49643
2.7	0.49653	0.49664	0.49674	0.49683	0.49693	0.49702	0.49711	0.49720	0.49728	0.49736
2.8	0.49744	0.49752	0.49760	0.49767	0.49774	0.49781	0.49788	0.49795	0.49801	0.49807
2.9	0.49813	0.49819	0.49825	0.49831	0.49836	0.49841	0.49846	0.49851	0.49856	0.49861
3.0	0.49865	0.49869	0.49874	0.49878	0.49882	0.49886	0.49889	0.49893	0.49896	0.49900
3.1	0.49903	0.49906	0.49910	0.49913	0.49916	0.49918	0.49921	0.49924	0.49926	0.49929
3.2	0.49931	0.49934	0.49936	0.49938	0.49940	0.49942	0.49944	0.49946	0.49948	0.49950
3.3	0.49952	0.49953	0.49955	0.49957	0.49958	0.49960	0.49961	0.49962	0.49964	0.49965
3.4	0.49966	0.49968	0.49969	0.49970	0.49971	0.49972	0.49973	0.49974	0.49975	0.49976
3.5	0.49977	0.49978	0.49978	0.49979	0.49980	0.49981	0.49981	0.49982	0.49983	0.49983

問題1.

$$x^2 + px + q = 0 \quad \cdots ① , \qquad x^2 + px - q = 0 \quad \cdots ②$$

いずれも2つの解が互いに素より，ともに重解はもたない（$x = \pm 1$ の場合も含む）。
解が整数であるためには判別式が完全平方，つまり

$$p^2 - 4q = u^2 \quad \cdots ③ , \qquad p^2 + 4q = v^2 \quad \cdots ④$$

（u, v は正の整数）と表されることが必要である。
$q > 0$ より $u < v$ で，③＋④から

$$2p^2 = u^2 + v^2 \quad \cdots ⑤$$

③，④より u, v は p と偶奇が一致する。

よって $u+v$, $v-u$ はともに正の偶数であり，$s = \dfrac{u+v}{2}$, $t = \dfrac{v-u}{2}$ はともに正の整数で

$$u^2 + v^2 = 2\left\{\left(\dfrac{u+v}{2}\right)^2 + \left(\dfrac{v-u}{2}\right)^2\right\} = 2(s^2 + t^2) \quad \cdots ⑥$$

⑤と⑥より $p^2 = s^2 + t^2$ であり，正の整数 m, n（m, n は互いに素で，$m > n$）と k によって，いわゆるピタゴラス数を使って

$$(p, \ s, \ t) = (k(m^2 + n^2), \ k \cdot 2mn, \ k(m^2 - n^2))$$

または

$$(p, \ s, \ t) = (k(m^2 + n^2), \ k(m^2 - n^2), \ k \cdot 2mn)$$

と表される。④－③より

$$8q = v^2 - u^2 = (v+u)(v-u) = 4st = 4k^2 \cdot 2mn(m^2 - n^2) = 8k^2 mn(m^2 - n^2)$$

すなわち，$q = k^2 mn(m+n)(m-n)$ となる。
ここで，$k > 1$ とすると，2次方程式①の解は

$$x^2 + px + q = x^2 + k(m^2 + n^2)x + k^2 mn(m+n)(m-n)$$
$$= \{x + km(m-n)\}\{x + kn(m+n)\} = 0$$

から

$$x = -km(m-n), \ -kn(m+n)$$

同様に2次方程式②の解は

$$x^2 + px - q = x^2 + k(m^2 + n^2)x - k^2 mn(m+n)(m-n)$$
$$= \{x + km(m+n)\}\{x - kn(m-n)\} = 0$$

から

$$x = -km(m+n),\ kn(m-n)$$

となって，①，②の解はともに k の倍数になり互いに素でない。

よって，$k=1$ が必要であり

$$p = m^2 + n^2,\ q = mn(m+n)(m-n) \quad (m,\ n \text{は互いに素で} m > n)$$

さらに $m,\ n$ がともに奇数だと $m+n,\ m-n$ はともに偶数となり，①，②の2次方程式の解が互いに素であることに反するので，$m,\ n$ のうち一方は偶数で，他方は奇数であることが必要である。

このとき2次方程式①，②の解は

  ①の解： $-m(m-n)$ と $-n(m+n)$

  ②の解： $n(m-n)$ と $-m(m+n)$

である。次に①の2つの解（②の2つの解も）が互いに素であることを示す。

①の2つの解は，素数の公約数 $r\ (>1)$ をもつとすると

  （ⅰ） $m \equiv 0 \pmod{r}$ かつ $n \equiv 0 \pmod{r}$

  （ⅱ） $m \equiv 0 \pmod{r}$ かつ $m+n \equiv 0 \pmod{r}$

  （ⅲ） $m-n \equiv 0 \pmod{r}$ かつ $n \equiv 0 \pmod{r}$

  （ⅳ） $m-n \equiv 0 \pmod{r}$ かつ $m+n \equiv 0 \pmod{r}$

のいずれかが成り立つ。

（ⅰ）は　明らかに $m,\ n$ は互いに素であることに反する。

（ⅱ）と（ⅲ）は，合同式の性質から，（ⅰ）に帰着できる。

（ⅳ）は，もし $r=2$ ならば，$m-n,\ m+n$ がともに偶数になり，$m,\ n$ のうち一方は偶数で他方は奇数であることに反する。

 また，r が3以上の素数ならば合同式の性質から，$2m \equiv 0 \pmod{r}$，$2n \equiv 0 \pmod{r}$ となって（ⅰ）に帰着できる。

 素数でない正の公約数（もちろん1は除く）をもつ場合でも，その素因数がまた公約数になることから，同様に①の2つの解が互いに素であることを示すことができる。

②の2つの解も同様に示すことができる。

よって

$$p = m^2 + n^2,\ q = mn(m+n)(m-n)$$

    （$m,\ n$ は互いに素で $m > n$，かつ $m,\ n$ のうち一方は偶数で他方は奇数）

が求める条件である。

(答) $p = m^2 + n^2$, $q = mn(m+n)(m-n)$
　　(m, n は互いに素な正の整数で $m > n$, かつ一方は偶数で他方は奇数)

問題2.

$$f(x) = \sum_{k=0}^{\infty} \frac{x^{2k+1}}{2k+1} = x + \frac{1}{3}x^3 + \frac{1}{5}x^5 + \cdots$$

とおく。$f(x)$ の収束半径は1である。

$$f'(x) = 1 + x^2 + x^4 + \cdots = \frac{1}{1-x^2} = \frac{1}{2}\left(\frac{1}{1-x} + \frac{1}{1+x}\right)$$

より

$$f(x) = \int_0^x \frac{1}{2}\left(\frac{1}{1-t} + \frac{1}{1+t}\right) dt = \frac{1}{2}\log_e \frac{1+x}{1-x} \quad (-1 < x < 1)$$

と表される（e は自然対数の底）。一方

$$\sum_{k=0}^{\infty} \frac{x^{2(2k+1)}}{2k+1} = x^2 + \frac{1}{3}x^6 + \frac{1}{5}x^{10} + \cdots = f(x^2) = \frac{1}{2}\log_e \frac{1+x^2}{1-x^2}$$

収束域では整級数（べき級数）は絶対収束して項の順序を変えてよいので，$-1 < x < 1$ においては

$$\sum_{k=0}^{\infty} \frac{x^{2k+1} - x^{2(2k+1)}}{2k+1} = f(x) - f(x^2)$$

$$= \frac{1}{2}\log_e \frac{1+x}{1-x} - \frac{1}{2}\log_e \frac{1+x^2}{1-x^2}$$

$$= \frac{1}{2}\log_e \left(\frac{1+x}{1-x} \cdot \frac{1-x^2}{1+x^2}\right) = \frac{1}{2}\log_e \frac{(1+x)^2}{1+x^2}$$

この関数は $x=1$ において連続であるから，$x \to 1-0$ としたときの極限値は $x=1$ を代入した値に等しく

$$\frac{1}{2}\log_e \frac{(1+1)^2}{1+1^2} = \frac{1}{2}\log_e 2$$

である。

(答) $\dfrac{1}{2}\log_e 2$

参考① $f(x)$の収束半径

$f(x) = \sum_{k=0}^{\infty} \dfrac{x^{2k+1}}{2k+1} = x + \dfrac{1}{3}x^3 + \dfrac{1}{5}x^5 + \cdots$ の収束半径が1であることを確認する。

$a_n = \dfrac{x^{2n+1}}{2n+1},\ a_{n+1} = \dfrac{x^{2n+3}}{2n+3}$ として

$$\lim_{n \to \infty} \left| \dfrac{a_{n+1}}{a_n} \right| = \lim_{n \to \infty} \left| \dfrac{2n+1}{2n+3} \cdot \dfrac{x^{2n+3}}{x^{2n+1}} \right| = \lim_{n \to \infty} \left| \dfrac{2n+1}{2n+3} \right| \cdot \left| \dfrac{x^{2n+3}}{x^{2n+1}} \right| = x^2$$

となって，$\lim\limits_{n \to \infty} \left| \dfrac{a_{n+1}}{a_n} \right| = x^2 < 1$ のとき収束するので，$f(x)$ の収束半径は1で，$-1 < x < 1$ で絶対収束する。

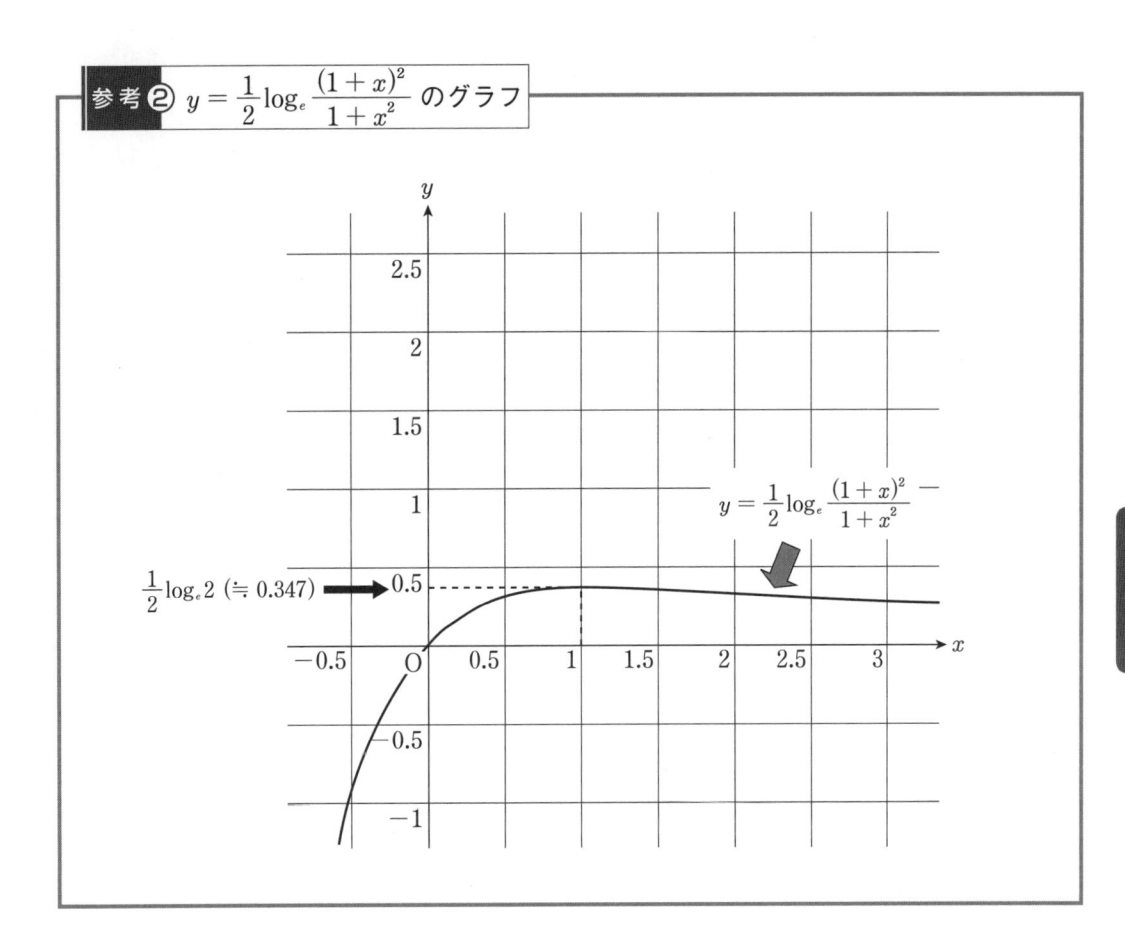

参考② $y = \dfrac{1}{2}\log_e \dfrac{(1+x)^2}{1+x^2}$ のグラフ

問題3.

右の図のように AP，BP，CP をそれぞれ1辺とする3つの正三角形 △APQ，△BPR，△CPS をつくる。
△ABP と △ACQ において
　　AP=AQ=u
　　AB=AC=l
　　∠BAP=60°−∠PAC=∠CAQ より
　　　△ABP≡△ACQ
よって，CQ=BP=v
同様にして
　　△BCP≡△BAR，△CAP≡△CBS
が示されるので
　　AR=CP=w
　　BS=AP=u

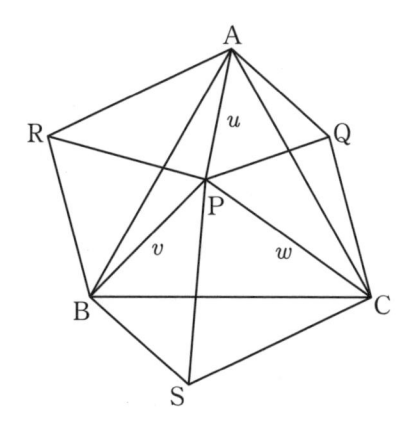

よって，六角形 ARBSCQ の面積は △ABC の面積 $\frac{\sqrt{3}}{4}l^2$ の2倍に等しいことがわかる。

一方，この六角形の面積は，6つの三角形 △PAR，△PRB，△PBS，△PSC，△PCQ，△PQA の面積の総和に等しい。このうち，△PRB，△PSC，△PQA の面積はそれぞれ $\frac{\sqrt{3}}{4}v^2$，$\frac{\sqrt{3}}{4}w^2$，$\frac{\sqrt{3}}{4}u^2$ である。

残りの △PAR，△PBS，△PCQ はいずれも3辺が u, v, w の三角形だから面積はどれも S になる。よって

$$2 \cdot \frac{\sqrt{3}}{4}l^2 = \frac{\sqrt{3}}{4}(u^2+v^2+w^2)+3S$$

すなわち

$$l^2 = \frac{1}{2}(u^2+v^2+w^2)+2\sqrt{3}\,S$$

が成り立つ。

　（答）　$l^2 = \frac{1}{2}(u^2+v^2+w^2)+2\sqrt{3}\,S$

問題4.

(1) 帰無仮説 H_0 の下で X は二項分布 $B\left(400, \dfrac{1}{2}\right)$ に従う。これを正規分布で近似する。

この分布の平均が $400 \times \dfrac{1}{2} = 200$, 分散が $400 \times \dfrac{1}{2} \times \dfrac{1}{2} = 100$ であるので, X は近似的に正規分布 $N(200, 100)$ にしたがうとしてよい。このとき

$$Z = \dfrac{X-200}{\sqrt{100}} = \dfrac{X-200}{10}$$

とおくと Z は正規分布 $N(0, 1)$ に従う。ここで有意水準 0.02 で両側検定を行うことから

$$P(|Z| > z) = 0.02$$

すなわち

$$P(Z > z) = 0.01 = 0.5 - 0.49$$

である正の数 z を求める。正規分布表より

$$P(0 < Z < z) = 0.49$$

に近い値は $z = 2.33$ であることがわかる。

$$\left|\dfrac{X-200}{10}\right| > 2.33$$

$$|X - 200| > 23.3$$

$$X < 176.7, \ 223.3 < X$$

X は整数より, 求める X の範囲は, $X \leqq 176, \ 224 \leqq X$ となる。

(答) $X \leqq 176, \ 224 \leqq X$

(2) 「実際には帰無仮説が真なのにそれを棄却してしまう確率」とはいわゆる有意水準の上限を指す。まず(1)と同様に, 帰無仮説 H_0 の下で X を正規分布 $N(200, 100)$ で近似する。このとき(1)で定めた Z の値は

$$\dfrac{181 - 200}{10} = -1.9$$

正規分布表から

$$P(Z < -1.9) = P(Z > 1.9)$$
$$= 0.5 - P(0 < Z < 1.9)$$
$$= 0.5 - 0.47128 = 0.02872$$

両側検定であることから
$$P(|Z| > 1.9) = 2 \times 0.02872 = 0.05744$$
小数第 4 位を切り上げて，求める確率は 0.058 である。

(答) 0.058

参考① 二項分布の正規分布近似

X が二項分布 $B(n, p)$ に従うとき，n が大きくなると X は正規分布 $N(np, npq)$ に近似できる。

すなわち，$Z = \dfrac{X - np}{\sqrt{npq}}$ とおくと，Z は $N(0, 1)$ に従う。

参考② 第一種の過誤と第二種の過誤

実際には帰無仮説 H_0 が正しいのに H_0 を棄却してしまうことを第一種の過誤といい，逆に，実際には帰無仮説 H_0 が正しくないのに，H_0 を棄却しないことを第二種の過誤という。

問題 5.

②は正しい。①との差は見かけ上のものであって，実際は同一の式である。

このことをみるには

$$\frac{v-b}{av-bu} = \frac{a+u}{1+au+bv} \quad \cdots ③$$

$$\frac{a-u}{av-bu} = \frac{b+v}{1+au+bv} \quad \cdots ④$$

を示せばよい。

③の分母をはらって左辺から右辺をひいた差を P_1 とおくと

$$P_1 = (v-b)(1+au+bv) - (a+u)(av-bu)$$
$$= v + auv + bv^2 - b - abu - b^2v - a^2v + abu - auv + bu^2$$
$$= v + bv^2 - b - b^2v - a^2v + bu^2$$
$$= b(u^2 + v^2 - 1) + v(1 - a^2 - b^2)$$

$u^2+v^2=1$, $a^2+b^2=1$ から $P_1=0$ となって，③が成り立つことが分かる．

④も同様に，分母をはらって左辺から右辺をひいた差を P_2 とおくと

$$P_2 = (a-u)(1+au+bv) - (b+v)(av-bu)$$
$$= a + a^2u + abv - u - au^2 - buv - abv + b^2u - av^2 + buv$$
$$= a + a^2u - u - au^2 + b^2u - av^2$$
$$= a(1-u^2-v^2) + u(a^2+b^2-1)$$

これも $u^2+v^2=1$, $a^2+b^2=1$ から $P_2=0$ となって，④が成り立つことが分かる．

> **参考** 比を用いた解法
> ③が成り立つことを示した後に，$u^2+v^2=1$, $a^2+b^2=1$ から
> $$u^2+v^2 = a^2+b^2$$
> $$v^2-b^2 = a^2-u^2$$
> $$(v-b)(v+b) = (a+u)(a-u)$$
> から
> $$(v-b):(a+u) = (a-u):(b+v)$$
> となって，これから③が正しければ，④も正しいと導いてもよい．

問題6.

（1） 行列 A の固有多項式 $\varphi_A(\lambda)$ は

$$\varphi_A(\lambda) = \begin{vmatrix} 2-\lambda & 3 & 1 & 1 \\ 3 & 2-\lambda & 1 & 1 \\ 1 & 1 & 2-\lambda & 3 \\ 1 & 1 & 3 & 2-\lambda \end{vmatrix} = \begin{vmatrix} 0 & 1+\lambda & 3\lambda-5 & -\lambda^2+4\lambda-3 \\ 0 & -1-\lambda & -8 & -5+3\lambda \\ 0 & 0 & -1-\lambda & 1+\lambda \\ 1 & 1 & 3 & 2-\lambda \end{vmatrix}$$

$$= -\begin{vmatrix} 1+\lambda & 3\lambda-5 & -\lambda^2+4\lambda-3 \\ -1-\lambda & -8 & -5+3\lambda \\ 0 & -1-\lambda & 1+\lambda \end{vmatrix} = -\begin{vmatrix} 1+\lambda & 3\lambda-5 & -\lambda^2+4\lambda-3 \\ -(1+\lambda) & -8 & -5+3\lambda \\ 0 & -(1+\lambda) & 1+\lambda \end{vmatrix}$$

$$= -(\lambda+1)^2 \begin{vmatrix} 1 & 3\lambda-5 & -\lambda^2+4\lambda-3 \\ -1 & -8 & 3\lambda-5 \\ 0 & -1 & 1 \end{vmatrix} = -(\lambda+1)^2 \begin{vmatrix} 1 & 3\lambda-5 & -\lambda^2+4\lambda-3 \\ 0 & 3\lambda-13 & -\lambda^2+7\lambda-8 \\ 0 & -1 & 1 \end{vmatrix}$$

$$= -(\lambda+1)^2 \begin{vmatrix} 3\lambda-13 & -\lambda^2+7\lambda-8 \\ -1 & 1 \end{vmatrix} = -(\lambda+1)^2(3\lambda-13-\lambda^2+7\lambda-8)$$

$$= (\lambda+1)^2(\lambda-3)(\lambda-7)$$

第7回　2次：数理技能検定《解答・解説》

固有方程式 $\varphi_A(\lambda) = 0$ より，固有値 $\lambda = -1$（重複度2），3，7

（答）　-1（重複度2），3，7

別解
$$\varphi_A(\lambda) = \begin{vmatrix} 2-\lambda & 3 & 1 & 1 \\ 3 & 2-\lambda & 1 & 1 \\ 1 & 1 & 2-\lambda & 3 \\ 1 & 1 & 3 & 2-\lambda \end{vmatrix}$$

で

$$X = \begin{pmatrix} 2-\lambda & 3 \\ 3 & 2-\lambda \end{pmatrix},\ Y = \begin{pmatrix} 1 & 1 \\ 1 & 1 \end{pmatrix}$$

とおけば

$$\varphi_A(\lambda) = \begin{vmatrix} X & Y \\ Y & X \end{vmatrix} = |X+Y||X-Y|$$

となる。

$$|X+Y||X-Y| = \begin{vmatrix} 3-\lambda & 4 \\ 4 & 3-\lambda \end{vmatrix} \begin{vmatrix} 1-\lambda & 2 \\ 2 & 1-\lambda \end{vmatrix}$$
$$= (\lambda^2 - 6\lambda - 7)(\lambda^2 - 2\lambda - 3)$$
$$= (\lambda+1)(\lambda-7)(\lambda+1)(\lambda-3)$$
$$= (\lambda+1)^2(\lambda-3)(\lambda-7)$$

固有方程式 $\varphi_A(\lambda) = 0$ から固有値は，$\lambda = -1$（重複度2），3，7

（2）　固有多項式
$$\varphi_A(\lambda) = (\lambda+1)^2(\lambda-3)(\lambda-7)$$
から求める最小多項式 $f(\lambda)$ は，固有多項式 $\varphi_A(\lambda)$ を割り切るため
$$f(\lambda) = (\lambda+1)^2(\lambda-3)(\lambda-7)$$
または
$$f(\lambda) = (\lambda+1)(\lambda-3)(\lambda-7)$$
のどちらかである。
さらに最小多項式は $f(A) = O$ となる最小次数の多項式であり，E を 4 次単位行列として

$(A+E)(A-3E)(A-7E)$

$$= \begin{pmatrix} 3 & 3 & 1 & 1 \\ 3 & 3 & 1 & 1 \\ 1 & 1 & 3 & 3 \\ 1 & 1 & 3 & 3 \end{pmatrix} \begin{pmatrix} -1 & 3 & 1 & 1 \\ 3 & -1 & 1 & 1 \\ 1 & 1 & -1 & 3 \\ 1 & 1 & 3 & -1 \end{pmatrix} \begin{pmatrix} -5 & 3 & 1 & 1 \\ 3 & -5 & 1 & 1 \\ 1 & 1 & -5 & 3 \\ 1 & 1 & 3 & -5 \end{pmatrix}$$

$$= \begin{pmatrix} 8 & 8 & 8 & 8 \\ 8 & 8 & 8 & 8 \\ 8 & 8 & 8 & 8 \\ 8 & 8 & 8 & 8 \end{pmatrix} \begin{pmatrix} -5 & 3 & 1 & 1 \\ 3 & -5 & 1 & 1 \\ 1 & 1 & -5 & 3 \\ 1 & 1 & 3 & -5 \end{pmatrix} = O$$

と確認できる。

よって，1変数多項式 $f(x)$ の最小多項式は

$(x+1)(x-3)(x-7)$

となる。

（答） $(x+1)(x-3)(x-7)$

参考 最小多項式

行列 A の固有多項式を

$\varphi_A(\lambda) = (\lambda - \lambda_1)^{m_1}(\lambda - \lambda_2)^{m_2}\cdots(\lambda - \lambda_r)^{m_r}$

とすれば，最小多項式は

$\psi_A(\lambda) = (\lambda - \lambda_1)^{l_1}(\lambda - \lambda_2)^{l_2}\cdots(\lambda - \lambda_r)^{l_r}$

$(1 \leqq l_1 \leqq m_1, \ 1 \leqq l_2 \leqq m_2, \ \cdots, \ 1 \leqq l_r \leqq m_r)$

と表せる。すなわち，最小多項式 $\psi_A(\lambda)$ は $(\lambda - \lambda_1)(\lambda - \lambda_2)\cdots(\lambda - \lambda_r)$ の倍数で，固有多項式 $\varphi_A(\lambda)$ に一致するとは限らない。

最小多項式 $f(\lambda)$ は，固有多項式 $\varphi_A(\lambda)$ を割り切るといってもよい。

問題7．

（1） $r=1$ とおくと

$$\frac{dy}{dx} = \left(\frac{K-y}{K}\right)y$$

上記は変数分離形の微分方程式であり，次のようにして解くことができる。

$$\frac{dy}{dx} = \left(\frac{K-y}{K}\right)y$$

$$\frac{K}{y(K-y)} = \frac{1}{y} + \frac{1}{K-y}$$

から

$$\int\left(\frac{1}{y} + \frac{1}{K-y}\right)dy = \int dx$$

$$\log_e|y| - \log_e|K-y| = x + C \quad (Cは積分定数)$$

$$\log_e\left|\frac{y}{K-y}\right| = x + C$$

$$\left|\frac{y}{K-y}\right| = e^{x+C}$$

$$\frac{y}{K-y} = \pm e^{x+C} = C_0 e^x \quad \cdots ① \quad (C_0 = \pm e^C とおいた)$$

初期条件 $x=0$ のとき, $y = \dfrac{K}{1+e}$ から

$$\frac{\dfrac{K}{1+e}}{K - \dfrac{K}{1+e}} = C_0$$

これを解いて, $C_0 = \dfrac{1}{e}$ を①に代入すると,

$$\frac{y}{K-y} = e^{x-1}$$

これを y について解くと

$$y = \frac{Ke^{x-1}}{e^{x-1}+1} = \frac{K}{e^{1-x}+1}$$

となる。

(答) $y = \dfrac{K}{e^{1-x}+1}$

(2) $y = \dfrac{K}{e^{1-x}+1}$ より

$$y' = -\frac{K(e^{1-x}+1)'}{(e^{1-x}+1)^2} = \frac{Ke^{1-x}}{(e^{1-x}+1)^2} = \frac{Ke^{x+1}}{(e+e^x)^2} \quad (>0)$$

$$y'' = K \cdot \frac{e^{x+1}(e+e^x)^2 - e^{x+1} \cdot 2(e+e^x)e^x}{(e+e^x)^4} = K \cdot \frac{e^{x+1}(e-e^x)}{(e+e^x)^3}$$

$e^{x+1} > 0$, $e+e^x > 0$ より，y'' の符号は，$e-e^x$ の符号に一致する。すなわち

(ⅰ) $e-e^x > 0$, すなわち $x < 1$ のとき，$y'' > 0$

(ⅱ) $e-e^x = 0$, すなわち $x = 1$ のとき，$y'' = 0$

(ⅲ) $e-e^x < 0$, すなわち $x > 1$ のとき，$y'' < 0$

以上より，y は増加関数で，ただ1個の変曲点が $\left(1, \dfrac{K}{2}\right)$ であることがわかる。

さらに，$\lim\limits_{x \to \infty} e^{1-x} = 0$，$\lim\limits_{x \to -\infty} e^{1-x} = \infty$ より

$$\lim_{x \to \infty} \frac{K}{e^{1-x}+1} = K, \quad \lim_{x \to -\infty} \frac{K}{e^{1-x}+1} = 0$$

から，求めるグラフの概形は下図の通りである。

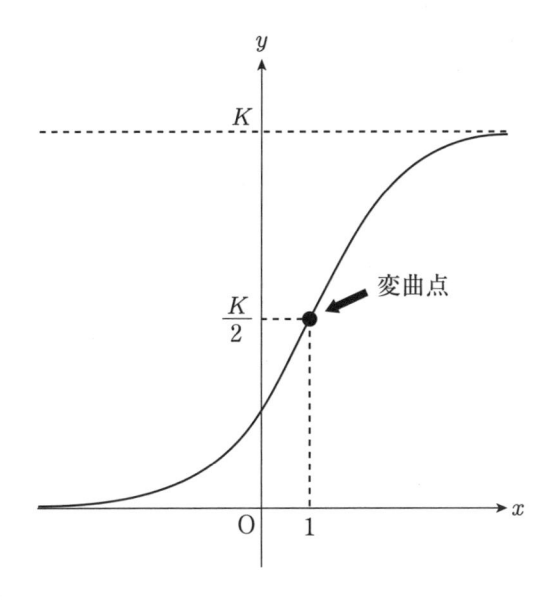

参考 $K=1$ のときの微分方程式

第5回1次問題7では，$K=1$ とした

$$\frac{dy}{dx} = (1-y)y$$

の解を求める問題が出題された。

<筆者紹介>

宮崎　興治

大阪大学工学部卒、大阪大学大学院工学研究科修了
富士通株式会社、株式会社インテリジェンス（現 USEN）にて、
システムエンジニア、人材コンサルタントなどを経験した後、
教育への情熱が抑えられず「数学専門宮崎塾」の経営者として活躍中
公益財団法人 日本数学検定協会認定「数学コーチャープロ A 級ライセンス」取得

中村　力

公益財団法人 日本数学検定協会 学習数学研究所 研究員
北海道大学理学部卒、北海道大学大学院理学研究科修了

<カバーデザイン>

星　光信（Xing Design）

実用数学技能検定　1級［完全解説問題集］発見【第2版】

2015年 7月21日　初　版発行
2021年 5月 5日　第7刷発行

著　者　公益財団法人 日本数学検定協会
発行者　清水　静海
発行所　公益財団法人 日本数学検定協会
　　　　〒110-0005 東京都台東区上野五丁目1番1号
　　　　https://www.su-gaku.net/
発売所　丸善出版株式会社
　　　　〒101-0051 東京都千代田区神田神保町二丁目17番
　　　　TEL 03-3512-3256　FAX 03-3512-3270
　　　　https://www.maruzen-publishing.co.jp/
印刷・製本　株式会社アシスト

ISBN978-4-901647-51-9　C0041

©The Mathematics Certification Institute of Japan 2015 Printed in Japan
落丁・乱丁本はお取り替えいたします。
本書の全部または一部を無断で複写複製（コピー）することは、著作権法上の例外
を除き、禁じられています。

※本の内容についてお気づきの点は、書名を明記の上、公益財団法人日本数学検定
協会宛に郵送・FAX（03-5812-8346）いただくか、当協会ホームページの「お
問合せ」をご利用ください。電話での質問はお受けできません。また、正誤以外の
詳細な解説・質問指導は行っておりません。